KB270937

매실과 살구 디저트 레시피

Natural & Elegant Ume & Apricot Sweets

이마이 요우코·후지사와 가에데 지음 | 권혜미 옮김

지콜미

시작하며

매년, 5월의 끝자락이 되면 알이 작은 초록색 매실이
마트나 과일가게에 얼굴을 내비치기 시작합니다.
6월이 되면 알이 제법 굵어진 초록색 매실이,
6월 중순이 되면 새콤달콤한 향기를 풍기는 잘 익은 매실이 나오지요.
올해도 매실의 계절이 되면 들뜬 마음으로 과일가게를 찾는 사람이 많을 것입니다.

매실의 계절은 의외로 짧습니다.
'들고 가기 무거우니까 다음에 사자'고 생각하다 장마가 끝나면,
한여름의 무더위가 찾아오면서 매실도 어느샌가 모습을 감추지요.
이렇게 어영부영하다가 매실을 사지 못하고 놓치는 분도 많을 겁니다.
이번에 매실의 계절이 돌아오면 놓치지 말고 꼭 매실을 사길 바랍니다.

매실을 좋아하는 사람에게는 작은 고민이 있습니다.
그것은 다양한 매실 요리가 떠오르지 않는다는 것이지요.
사람들은 대부분 매실 요리라고 하면 '시럽(매실청)'과 '매실주'만 떠올립니다.
물론 매실을 그대로 먹을 수도 있지만, 사실 생으로 먹기에는 조금 어려운 식재료입니다.

그래서 이 책에서는 덜 익은 청매실과 잘 익은 황매실로 만든
시럽과 콩포트, 잼과 매실주, 그리고 그것들을 사용해서 만든 과자를 소개합니다.
매실로 과자를 만들면 시럽이나 매실주에 들어 있는 과육도 남김없이 다 먹을 수 있답니다.

그리고 이 책에서는 살구를 사용해서 만든 과자도 소개합니다.
살구 출하 시기는 6월 말부터 7월 말까지, 딱 한 달 정도입니다.
매실과 마찬가지로 살구의 계절도 아차 하는 사이에 끝나기 때문에,
살구 과자에 관심이 있다면 시기를 잘 맞춰야 합니다.
먼저 기본적인 콩포트와 시럽절임, 잼 만드는 방법을,
그리고 그것들을 사용해서 만드는 과자 레시피를 소개합니다.

이 책에 실린 레시피를 연구해주신 저자들을 소개합니다.
먼저 소개할 분은 매크로바이오틱과 비건을 기반으로 한
요리교실 '루프roof'를 운영하는 요리연구가 이마이 요우코 선생님입니다.
이 선생님의 과자는 달걀·유제품·백설탕을 사용하지 않아서 몸에도 좋지요.
다른 한 분은 고품격 프랑스 과자의 장인이자
프랑스 과자 살롱 '레라블l'erable'를 운영하는 후지사와 가에데 선생님입니다.
이 선생님의 과자는 스파이스, 허브, 에디블(식용) 플라워를 사용해서
맛이 어른스럽고 개성적입니다.

매실과 살구, 그 계절이 끝나기 전에 꼭 한번 과자를 만들어보세요.

contents

002 시작하며

006 매실 손질 방법 (공통) / 살구 손질 방법 (공통)

007 용기 소독 열탕 소독 / 알코올 소독
잼 보관 방법

달걀·백설탕·유제품 없는

건강한 매실 디저트
Natural Ume Sweets

010 매실과 허브 주스
매실 스파이스 시럽

011 고추 매실주

012 매실 콩포드

013 청매실잼과 황매실잼

014 매실잼 소프트쿠키

016 매실 마들렌

018 매실 찜케이크

020 매실과 우롱차 크럼블 타르트

023 매실과 허브 백양갱

024 매실과 아마자케 젤리

026 매실 시럽 쩨

027 매실과 아마자케 아이스크림

028 매실 팥만주

달걀·백설탕·유제품 없는

건강한 살구 디저트
Natural Apricot Sweets

031 살구 화이트와인 콩포트

032 살구 스파이스 시럽절임
살구와 레몬 카더멈주

034 살구잼

036 살구잼 쿠키

038 살구와 바나나 파운드케이크

040 살구잼 규히마키

043 생살구 크럼블 케이크

045 반건조 살구

046 생살구 갈레트

048 살구 에너지바

049 살구 코코넛볼

050 살구 레어 치즈케이크

052 살구와 코코아 타르트

055 행인두부

056 살구 아이스바

058 매실에 대하여

059 살구에 대하여

프랑스식

고품격 매실 과자
Elegant Ume Sweets

062 매실 플레인 시럽
매실 카더멈 진저 시럽

063 매실 벌꿀주
매실 엘더플라워 시럽
절인 매실을 과자 재료로 활용하는 법

064 매실 설탕조림

065 매실 플레인 잼과 매실 카더멈 잼

066 매실 향 에디블 플라워 젤리

067 매실 그라니테

068 매실 파트 드 프뤼
매실 퓌레

070 매실 치즈케이크

072 매실 구로모지차 케이크

074 매실 생강 피낭시에

076 매실 버터크림 케이크

078 매실잼 카르디날슈니텐

080 매실 크림 타르트

프랑스식

고품격 살구 과자
Elegant Apricot Sweets

084 살구 시럽절임 4종
살구 바닐라 시럽절임

085 살구 허브 시럽절임
살구 쿠앵트로 꿀절임
살구 엘더플라워 시럽절임

086 살구 콩피
반건조 살구 콩피

087 살구 바닐라 잼과 살구 타임 잼

088 살구 타임 잼 쇼트브레드

089 생살구 가토 오 야우르트

090 생살구 아몬드 케이크

092 살구와 건청포도 스파이스 케이크

094 살구 캐러멜 타르트

095 살구와 라벤더 쇼트케이크

100 살구와 라임 무스

103 살구 퓌레

104 살구 사바용

105 살구 밀크 젤라토

106 [건강한 매실과 살구 디저트]
기본 재료와 조금 특별한 재료

107 [고품격 매실과 살구 과자]
기본 재료와 조금 특별한 재료

108 이 책에서 사용한 기본 도구

109 이 책에서 사용한 틀

110 달걀·백설탕·유제품 없는
건강한 매실과 살구 디저트 _ 이마이 요우코

111 프랑스식
고품격 매실과 살구 과자 _ 후지사와 가에데

[이 책의 규칙]

· 1㎖＝1cc

· 1T는 15㎖, 1t는 5㎖

· 오븐을 사용할 경우 전기오븐이나 가스오븐 상
관없이 이 책의 레시피대로 온도와 시간을 설정
한다. 단, 제조사나 기종에 따라 화력이 다르므
로 디저트 상태를 봐가면서 온도는 ±5℃, 시간
은 5분 내외로 조절한다.

· 전자레인지는 600W를 사용한다. 500W를 사용
할 경우는 가열 시간을 1.2배로 늘린다.

매실 손질 방법(공통)

매실은 떫은맛을 없애고 꼭지를 따야
한다. 잘 손질한 후 냉동실에 얼려두면
언제든 잼이나 시럽을 만들 수 있어 편
리하다.

1

1. 매실을 볼에 넣고 물에 담가서 떫은
맛을 없앤다. 아직 덜 익은 단단한 청
매실이라면 하룻밤, 노란색을 띤 잘 익
은 황매실이라면 2~3시간 담가둔다.

2

대나무 꼬치로 매실 꼭지를 딴다.

지퍼백에 매실이 겹치지 않도록 넣은
뒤 냉동한다.

* 냉동하면 과육의 세포가 부서져서 매실 진
  액이 더 잘 나온다.

(보관 기간)

· 냉동한 매실은 1년 정도 보관이 가능하다.

살구 손질 방법(공통)

살구는 반으로 갈라서 씨를 제거한다.

1

살구씨가 있는 곳까지 칼
을 넣은 후, 씨를 따라 한
바퀴 칼집을 낸다.

2

칼집 낸 부분을 중심으로,
양손으로 잡고 살짝 비틀
어서 반으로 가른다.

3

씨를 꺼낸다.

4

필요에 따라 한 번 더 반으
로 자른다.

용기 소독

[열탕 소독]

① 냄비에 깨끗하게 씻은 유리병을 넣고, 병이 푹 잠기도록 물을 붓는다ⓐ. 불을 켠 후 물이 끓어오르면 5분 정도 더 끓인다.

② 목장갑을 끼고, 깨끗하게 씻은 집게를 사용해서 유리병을 꺼낸다ⓑ.

③ 마른 천 위에 유리병을 세워서 자연 건조한다ⓒ.

④ 냄비에 불을 켠다. 유리병 뚜껑과 잼을 옮겨 담을 스푼을 뜨거운 물에 5초 정도 담가 소독한다ⓓ. 마른 천 위에 올려서 자연 건조한다.

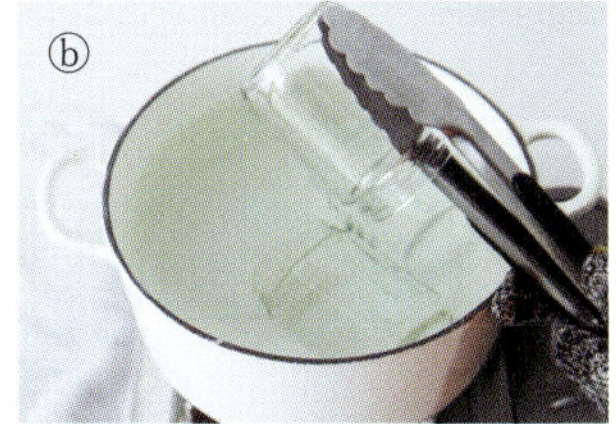

[알코올 소독]

유리병이 너무 커서 열탕 소독을 할 수 없는 경우에는 키친타월에 무색 증류주를 묻혀서 병을 닦는다. 뚜껑과 입구 주변도 꼼꼼히 닦는다.

잼 보관 방법

① 유리병을 열탕 소독한다(왼쪽 참조).

② 유리병이 아직 뜨거울 때 온도가 90℃ 이상인 잼을 병의 90%쯤 넣고, 곧바로 뚜껑을 닫은 후 1분 정도 기다린다. 병 입구에 묻은 잼은 무색 증류주를 묻힌 키친타월로 닦는다ⓐ.

③ 뚜껑을 살짝 돌려서(너무 많이 열지 않도록 주의한다) 공기 빠지는 소리가 들리면 다시 뚜껑을 닫고 그대로 식힌다ⓑ.

④ 오래 보관할 경우는 냄비에 물을 끓여 잼이 들어 있는 유리병을 넣은 후 20분 이상 끓인다. 녹이 슬 수 있으므로 뚜껑에 물이 닿지 않게 주의한다ⓒ.

⑤ 집게로 유리병을 꺼낸 후 차갑게 식힌다.

# 달걀·백설탕·유제품 없는
건강한 매실 디저트
Natural Ume Sweets

홍고추를 넣어 알싸
한 맛이 나는 일품
매실주다. 탄산수와
섞어 마셔도 좋다.

고추 매실주

재료 만들기 쉬운 분량

* 1.5ℓ 병을 사용했다.

청매실(또는 황매실) ··· 500g

첨채 얼음설탕 ··· 350~400g

무색 증류주 ··· 750㎖

홍고추 ··· 1개

준비

* 매실은 물에 담가서 떫은맛을 없앤 후 꼭지를 딴다(p. 6).

* 병을 소독한다(p. 7).

만들기

1. 매실은 물기를 닦고, 이쑤시개나 포크로 표면
    에 구멍을 낸다.

2. 병에 1의 매실과 얼음설탕을 번갈아 넣는다. 중
    간에 홍고추도 넣는다. 병 맨 위에는 얼음설탕
    이 오도록 한다.

3. 무색 증류주를 붓고 뚜껑을 닫는다.

(보관 기간)

· 어둡고 서늘한 곳에서는 장기 보관이 가능하다.

· 3개월 후부터 먹을 수 있지만, 6개월이 지나야 제맛을 느낄
  수 있다.

매실 콩포트

재료 만들기 쉬운 분량

* 1ℓ 병을 사용했다.

황매실(또는 청매실) … 300g

물 … 200㎖

화이트와인 … 200㎖

첨채당 … 150g

* 청매실로 만들 경우는 200g으로 한다.

준비

* 매실은 물에 담가서 떫은맛을 없앤 후 꼭지를 딴다(p. 6).

* 병을 소독한다(p. 7).

(보관 기간)

· 냉장실에서 2~3개월.

· 약 이틀 후부터 먹을 수 있다.

만들기

1. 매실의 물기를 제거한다.

2. 냄비에 매실 이외의 재료를 넣고 끓인다ⓐ. 재료가 끓으면 불을 끄고 1의 매실을 넣는다ⓑ.

3. 2를 약불에서 5분 정도 끓인다. 중간에 매실 껍질이 벗겨질 것 같으면 불을 끄고 그대로 식힌다.

4. 병에 3의 매실을 넣는다.

5. 냄비에 남은 시럽은 중불에서 5분 정도 끓이고ⓒ, 한 김 식힌 후 4의 병에 붓는다ⓓ.

매실로 만든 콩포트는 그 자체가 훌륭한 디저트다. 또한 콩포트 시럽을 물이나 탄산수에 타면 시원한 여름 음료가 된다. 신맛이 강한 청매실로 만들 때는 설탕 양을 늘려야 한다.

청매실과 황매실로 심플한
잼을 만들었다. 새콤달콤한
매실잼은 푹푹 찌는 장마철
에 몸과 마음을 산뜻하게 해
주고, 한여름의 더위를 씻어
준다. 매실잼은 빵에 발라
먹어도 좋고 요거트에 넣어
먹어도 좋지만, 과자를 만들
때 훌륭한 재료가 되므로
많이 만들어놓길 바란다.

청매실잼과 황매실잼

재료 만들기 쉬운 분량
* 300㎖ 병 2개를 사용했다.

청매실(또는 황매실) … 500g
첨채 그래뉴당 … 150g
* 황매실로 만들 경우는 130g으
로 한다.

준비

* 매실은 물에 담가서 떫은맛을
  없앤 후 꼭지를 딴다(p. 6).

만들기

1. 매실의 물기를 제거한다.
2. 1의 매실을 냄비에 넣고, 매실이 잠길 때까지
   물을 넣은 후 중불을 켠다ⓐ. 끓어오르면 약
   불로 줄이고, 10분 정도 더 끓인다.
3. 2를 그대로 식힌 후 손으로 씨를 발라낸다
   ⓑ.
4. 냄비에 3의 매실과 첨채 그래뉴당을 넣고ⓒ,
   약한 중불을 켠 후 걸쭉해질 때까지 졸인다
   ⓓ.
5. 4가 뜨거울 때 열탕 소독한(p. 7) 병에 담는다.

(보관 기간)

· 잼 보관 방법은 p. 7을 참조.
· 어둡고 서늘한 곳 또는 냉장실에서 3~4개월 보관 가능
  하다.

미국 스타일의 큼지막
한 소프트쿠키다. 쿠키
생지에 아몬드가루를
뿌린 것이 촉촉한 식감
의 비결이다. 밀대를 사
용하지 않고 손으로 모
양을 잡았다. 새콤한
매실잼을 듬뿍 넣어 만
들기 때문에, 잼이 밖으
로 흐르지 않게 조금
졸인 다음 사용하는 것
이 포인트다.

매실잼 소프트쿠키

재료 10개 분량

A 박력분 … 150g
　┃ 아몬드가루 … 30g
　┃ 첨채당 … 45g
　┃ 소금 … 한 꼬집
B 식물성 오일 … 4T
　┃ 무조정 두유 … 3T
매실잼(p. 13) … 100g
아몬드 슬라이스 … 적당량(약 60조각)
첨채 그래뉴당 … 적당량

준비

* 잼이 묽을 경우는 조금 졸여서 점성을 높인다.

* 오븐은 160℃로 예열한다.

* 틀에 유산지를 깐다.

만들기

1. 볼에 A를 넣고 고무주걱으로 골고루 섞는다.

2. B를 거품기로 잘 섞은 후 1에 넣고, 고무주걱으로 저으면서 하나로 뭉친다.

3. 2의 생지를 30g씩 나눈다ⓐ.

4. 3의 생지를 동그랗게 만든 후, 지름 6㎝가 되도록 손바닥으로 누른다. 매실잼을 10g씩 올리고ⓑ, 매실잼을 감싸듯이 빚는다ⓒ.

5. 4를 오므린 입구가 위로 오도록 틀에 올린다. 윗부분을 살짝 눌러서 평평하게 만든다ⓓ. 이때 잼이 살짝 보이면 좋다.

6. 5의 쿠키 위에 아몬드 슬라이스를 적당히 올리고ⓔ, 그래뉴당을 두 꼬집 뿌린다ⓕ.

7. 160℃로 예열한 오븐에서 15분간 구운 후, 온도를 150℃로 낮춰서 5분 더 굽는다.

매실 마들렌

박력분에 녹말과 아몬드가루를 섞어서 만든, 촉촉하고 부드러운 식감의 마들렌이다. 한입 베어 물면 매실잼의 상큼함과 바닐라 향의 부드러움이 입안 가득 퍼질 것이다.

재료 길이 7.5㎝ 마들렌 틀 6개 분량

A 박력분 … 40g
　녹말 … 20g
　아몬드가루 … 25g
　첨채당 … 30g
　베이킹파우더 … ¼t
　소금 … 한 꼬집
B 무조정 두유 … 2T
　메이플시럽 … 2T
　식물성 오일 … 2T
매실잼(p. 13) … 약 50g
* 매실 스파이스 시럽(p. 10)에 들어 있는 매실 50g을 잘게 잘라 사용해도 된다.
매실 스파이스 시럽 … 적당량
* 매실 콩포트(p. 12) 시럽을 사용해도 좋다.
바닐라빈 … 1㎝

준비

* A의 박력분은 체에 거른다.
* 바닐라빈은 세로로 갈라서 씨를 긁어낸다.
* 틀에 식물성 오일(분량 외)을 바른다.
* 오븐은 185℃로 예열한다.

만들기

1. 볼에 A를 넣고 고무주걱으로 섞는다.

2. 다른 볼에 B를 넣고 거품기로 잘 섞는다.

3. 1의 볼에 2를 넣고, 바닐라빈도 넣은 후 고무주걱으로 가루가 사라질 때까지 잘 섞는다ⓐ.

4. 틀에 3의 생지를 반쯤 넣고, 매실잼을 7~8g씩 올린다ⓑ. 남은 생지를 틀의 90%까지만 채운다ⓒ.

5. 185℃로 예열한 오븐에서 14~15분간 굽는다.

6. 식힘망 위에 유산지를 깔고, 틀에서 꺼낸 마들렌을 올린다. 마들렌이 따뜻할 때 매실 스파이스 시럽을 바른다ⓓ.

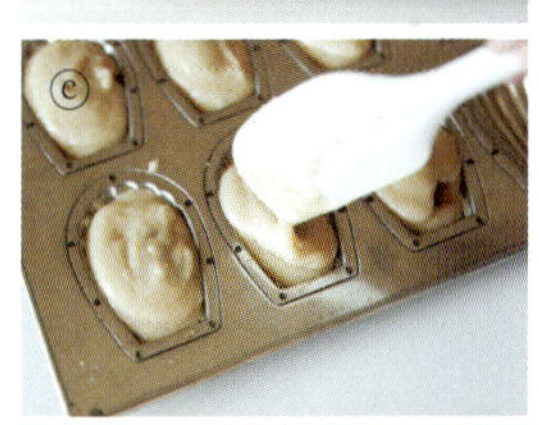

매실 찜케이크

재료 가로 7㎝×세로 15㎝×높이 6㎝ 파운드 틀 1개 분량

A 박력분 … 120g
　아몬드가루 … 35g
　첨채당 … 45g
　베이킹파우더 … 1t
　소금 … 한 꼬집
B 식물성 오일 … 2T
　매실 스파이스 시럽(p. 10) … 2T
　무조정 두유 … 90㎖
매실 스파이스 시럽의 매실
　… 80g(씨를 제거한 과육)
구기자 … 10g

만들기

1. 볼에 A를 넣고 고무주걱으로 섞는다.

2. 다른 볼에 B를 넣고 거품기로 잘 섞는다.

3. 1의 볼에 2를 넣고, 고무주걱으로 가루가 사라질 때까지 잘 섞는다.

4. 3의 볼에 잘게 썬 매실과 구기자를 넣고 고무주걱으로 섞는다ⓐ. 틀에 붓는다.

5. 찜통 위에 틀을 올리고ⓑ, 40~45분간 찐다.

준비

* 박력분은 체에 거른다.
* 매실은 씨를 발라내서 잘게 썬 후 물기를 제거한다.
* 틀에 유산지를 깐다.
* 냄비에 물을 붓고, 찜통을 올린 후 물을 끓인다. 찜통이 없는 경우는 냄비 바닥에 3㎝ 정도 물을 붓고, 찜틀을 넣은 후 물을 끓인다.

매실의 절임 정도

사진 왼쪽의 매실 정도가 적당하다. 오른쪽 매실은 너무 절여져서 손질하기 어렵다.

찜통에 쪄서 만든 케이크는 오븐에 구운 케이크보다 훨씬 폭신하고 촉촉한 식감을 준다. 시럽에 절인 매실을 잘게 썰어서 넣으면 매실의 풍미가 확 살아난다. 고추 매실주(p. 11)로 만들면 어른 취향의 맛을 낼 수 있다.

아몬드가루를 베이스로 한 타르트 위에 스파이스 향이 나는 매실 페이스트를 듬뿍 바르고, 그 위에 우롱차 잎으로 만든 크럼블을 뿌렸다. 매실과 우롱차의 그윽한 향을 즐길 수 있다. 여기에서는 매실 스파이스 시럽(p. 10)에 담긴 매실을 사용했지만, 매실 주스 속 매실이나 잼을 사용해도 맛있다.

매실과 우롱차 크럼블 타르트

매실과 우롱차 크럼블 타르트

재료 지름 18㎝ 타르트 틀 1개 분량

A 박력분 ⋯ 100g
　전립분 ⋯ 20g
　첨채당 ⋯ 10g
　소금 ⋯ 한 꼬집
B 식물성 오일 ⋯ 3T
　무조정 두유 ⋯ 2T
C 아몬드가루 ⋯ 100g
　박력분 ⋯ 50g
　베이킹파우더 ⋯ ⅓t
　소금 ⋯ 한 꼬집
D 식물성 오일 ⋯ 2T
　메이플시럽 ⋯ 3T
　무조정 두유 ⋯ 2T

매실 스파이스 시럽(p. 10)
　⋯ 적당량
매실 스파이스 시럽의 매실
　⋯ 20g(씨를 제거한 과육)
* 매실잼(p. 13)도 좋다.
* 매실의 절임 정도는 p. 18을 참조.

[우롱차 크럼블]
E 박력분 ⋯ 40g
　아몬드가루 ⋯ 20g
　첨채당 ⋯ 20g
　우롱차 잎 ⋯ 5g
식물성 오일 ⋯ 2T 정도
식용 제라늄 꽃 ⋯ 적당량

준비

* 오븐은 170℃로 예열한다.
* 우롱차 잎을 빻아놓는다ⓐ.

만들기

1. 볼에 A를 넣고 고무주걱으로 섞는다.

2. 다른 볼에 B를 넣고 거품기로 섞는다.

3. 1의 볼에 2를 넣고 고무주걱으로 조금 되직하게 섞은 다음 손으로 반죽한다. 반죽이 뭉쳐지지 않으면 두유(분량 외)를 조금 넣는다.

4. 3의 생지를 틀보다 조금 크게, 밀대로 민다.

5. 생지를 밀대에 걸어서 틀에 올리고ⓑ, 밀대를 밀면서 가장자리에 남은 생지를 잘라낸다. 틈이 생기지 않게 손끝으로 생지 가장자리를 눌러주고ⓒ, 포크로 바닥에 구멍을 낸다.

6. 볼에 C를 넣고 고무주걱으로 섞는다. 다른 볼에 D를 넣고 거품기로 섞은 다음, C의 볼에 넣고 고무주걱으로 섞는다.

7. 6의 생지를 5에 넣고 고무주걱으로 표면을 정리한다ⓓ.

8. 7을 170℃로 예열한 오븐에서 20~25분간 굽는다. 한 김 식으면 틀에서 꺼내 식히고, 완전히 식기 전에 스푼 뒷면으로 매실 스파이스 시럽을 바른다ⓔ.

9. 매실은 씨를 발라낸 후, 페이스트 상태가 될 때까지 핸드블렌더로 블렌딩한다ⓕ.

10. 우롱차 크럼블을 만든다. 오븐을 170℃로 예열한다. 볼에 E를 넣고 식물성 오일을 조금씩 넣으면서 소보로 상태가 될 때까지 손가락으로 섞는다ⓖ.

11. 오븐 틀에 유산지를 깔고 10을 펼친 후ⓗ, 170℃로 예열한 오븐에서 8~10분간 굽는다.

12. 8 위에 9의 매실 페이스트를 펴 바르고ⓘ, 11의 크럼블을 전체에 뿌린다.

매실과 허브 백양갱

재료 가로 6㎝×세로 24㎝×높이 4.5㎝ 슬림 파운드 틀 1개 분량

매실과 허브 주스(p. 10)의 매실 ⋯ 200g (씨를 제거한 과육)

* 매실의 절임 정도는 p. 18을 참조.

백앙금(p. 26) ⋯ 350g

A 물 ⋯ 100㎖

　첨채당 ⋯ 50g

　우무 ⋯ 1t

만들기

1.　매실은 씨를 발라낸 후 다져서 백앙금과 섞는다.

2.　냄비에 A를 넣고 중불을 켠다. 끓어오르면 약불로 줄인 후 1~2분 더 가열
　　한다.

3.　2의 냄비에 1을 넣고 섞는다. 아직 따뜻할 때 틀에 붓는다.

4.　한 김 식으면 표면에 빈틈없이 랩을 씌우고 냉장실에서 차갑게 식힌다.

레몬그라스와 샐비어의 향긋한 향, 그리고 매실의 달콤함과 상큼함이 은은하게 감도는 백양갱이다. 매실을 크게 썰면 오돌오돌한 식감을 줄 수 있다.

매실과 아마자케 젤리

재료 지름 6㎝×높이 5㎝ 푸딩 틀 4개 분량

A 매실 콩포트(p. 12) 시럽 … 120㎖
  * 단 것을 좋아한다면 첨채당 10~20g을
    추가한다.
  우무 … ⅓t
B 아마자케 … 80g
  물 … 70㎖
  우무 … ⅓t
매실 콩포트 … 4개

만들기

1. 냄비에 A를 넣고 중불을 켠다. 끓어
   오르면 약불로 줄인 후 1~2분 더 가열
   한다.

2. 1을 푸딩 틀에 붓고, 매실 콩포트를
   넣은 후 냉장실에서 차갑게 식힌다.

3. 냄비에 B를 넣고 중불을 켠다. 끓어오
   르면 약불로 줄인 후 1분 더 가열한다.

4. 2가 굳은 것을 확인한 후, 한 김 식힌
   3을 위에 붓는다. 냉장실에서 차갑게
   식힌다. 따뜻한 헝겊으로 푸딩 틀 주
   변을 감싼 후 푸딩을 꺼낸다.

매실 시럽 쩨

재료 컵 2개 분량

백앙금(아래 설명 참조) … 150g

매실 콩포트(p. 12) … 2~4개

매실 콩포트 시럽 … 150㎖

한천가루 … ¼t

잘게 부순 얼음 … 적당량

코코넛밀크 … 적당량

만들기

1. 작은 냄비에 매실 콩포트 시럽을 넣고, 한천가루를 뿌린 다음 중불을 켠다. 끓어오르면 약불로 줄인 후 1~2분 더 가열하고, 용기에 옮긴다. 한 김 식힌 후 냉장실에서 차갑게 식힌다.

2. 백앙금에 물을 조금(분량 외) 넣어서 걸쭉하게 만든다.

3. 컵에 2의 백앙금을 넣고 1의 젤리, 매실 콩포트, 잘게 부순 얼음을 올린 후 코코넛밀크를 뿌린다.

[백앙금]

재료 만들기 쉬운 분량

A 백태콩(건조) … ½컵

   물 … 300~350㎖ (콩의 3~3.5배 분량)

   다시마 … 1장 (가로세로 2㎝)

첨채당 … 30~40g

소금 … 한 꼬집

만들기

1. 압력솥에 A를 넣고 강불을 켠다. 끓어오르면 뚜껑을 닫는다. 압력이 차면 약불로 줄이고 25분간 삶은 다음 불을 끈다. 압력이 빠질 때까지 놔두었다가, 손가락으로 눌렀을 때 콩이 으스러질 만큼 부드러워진 것을 확인한다. 아직 딱딱하다면 조금 더 삶는다. 물기가 남아 있다면 강불을 켜서 수분을 날려버린다.

2. 1의 압력솥에 첨채당을 넣고 섞는다. 뚜껑을 연 채로 약한 중불을 켜고, 살짝 저어가면서 불을 조절한다. 솥 바닥에 콩알 자국이 생기면 소금을 넣고 한 번 더 젓는다.

3. 2의 백앙금을 바트에 옮기고, 수분이 날아가지 않도록 랩을 씌운 후 식힌다.

아마자케와 아이스
크림을 블렌딩해서
만든 아이스크림이
다. 매실 스파이스
시럽(p. 12)이나 매
실 콩포트(p. 12)에
들어 있는 매실을
사용해도 맛있다.

매실과 아마자케 아이스크림

재료 만들기 쉬운 분량

아마자케 … 200g

고추 매실주(p. 11)의 매실 … 250g(씨를 제거한 과육)

* 매실의 절임 정도는 p. 18을 참조.

무조정 두유 … 150㎖

만들기

1. 모든 재료를 넣고 핸드블렌더로 블렌
   딩한다.

2. 보관 용기에 담아 냉동실에 반나절 정
   도 넣어둔다. 꽝꽝 얼기 전에 2~3번 더
   블렌딩한다.

시나몬과 팔각 향
이 은은하게 감도
는 매실 스파이스
시럽과 칡가루인 갈
분으로 만든 반죽
에, 매실과 백앙금
을 넣어서 만주를
만들었다. 시원한
모습과 말랑한 식
감이 여름과 잘 어
울리는 과자다.

매실 팥만주

재료 4개 분량

백앙금(p. 26) … 80g

매실 스파이스 시럽(p. 10)의 매실 … 4개

A 갈분 … 40g

   첨채당 … 30g

   매실 스파이스 시럽 … 150㎖

   * 매실과 허브 주스(p. 10)를 사용해도 좋다.

   물 … 100㎖

준비

* 작은 그릇에 랩을 깐다ⓐ.

만들기

1. 백앙금을 4등분한 후 동그랗게 만든다ⓑ.

2. 매실은 씨를 발라내고 말랑하게 만든 후 키친 타월로 물기를 제거한다ⓒ.

3. 볼에 A를 넣고 고무주걱으로 섞는다. 체에 거르면서 냄비에 붓는다ⓓ.

4. 3의 냄비에 중불을 켜고 고무주걱으로 반죽한다. 점성이 생기면 약불로 줄이고, 색이 투명해질 때까지 2~3분 더 반죽한다ⓔ.

5. 4를 랩을 깐 그릇에 절반 정도 올리고, 2의 매실 ¼과 1의 백앙금을 올린다ⓕ.

6. 5에 남은 4를 붓고, 랩 가장자리를 위쪽으로 모아 끈으로 묶는다ⓖ. 찬물을 받쳐 식힌다.

달걀·백설탕·유제품 없는
건강한 살구 디저트
Natural Apricot Sweets

살구는 신맛이 강하고 아린 맛도 있어서 그대로
먹기는 쉽지 않다.
하지만 콩포트나 잼, 시럽절임이니 술로 만들면
단맛이 생겨서 맛있는 과일로 재탄생한다.
콩포트와 시럽절임, 잼을 만드는 방법과 그것들
을 사용해 쿠키, 파운드케이크, 행인두부, 아이
스크림 만드는 방법을 소개하겠다.
살구는 제철이 매우 짧은 만큼, 생과일을 즉시
활용할 수 있도록 생살구를 바로 구워서 먹는
크럼블 케이크와 갈레트 레시피도 수록했다.

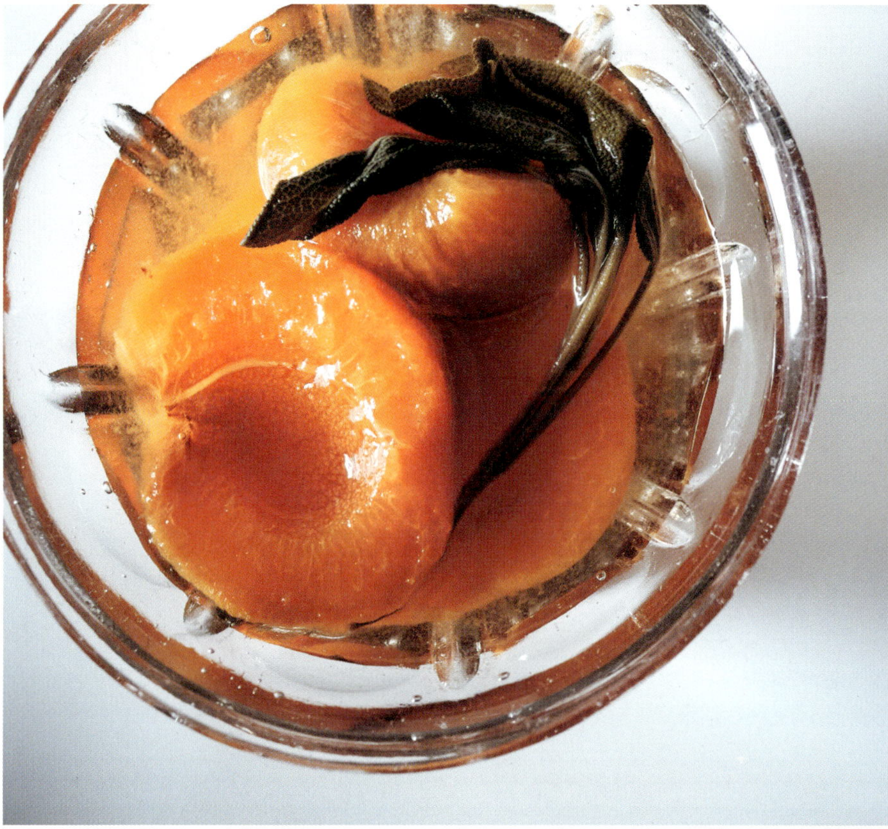

살구를 5분간 조린 다음, 나머지는 시간에 맡겨두자. 화이트와인 시럽이 충분히 배어들도록 기다리기만 하면 된다. 살구의 상큼한 맛과 향이 돋보이는 심플한 레시피다. 과자를 만들 때 활용할 수도 있고, 그대로 먹어도 맛있다.

살구 화이트와인 콩포트

재료 만들기 쉬운 분량

* 1ℓ 병을 사용했다.

살구 … 500g

A 물 … 200㎖

│ 화이트와인 … 300㎖

│ 첨채당 … 150g

샐비어(생) … 1줄기

준비

* 살구는 반으로 갈라 씨를 제거한다(p. 6).
* 찬물을 준비한다.
* 병을 소독한다(p. 7).

만들기

1. 냄비에 물을 끓이고, 살구를 넣는다ⓐ. 3초가 지나면 건져서 찬물에 담근 후 껍질을 벗긴다ⓑ.
2. 냄비에 A를 넣고 중불을 켠다. 첨채당을 녹인다.
3. 2의 냄비에 1의 살구를 넣고, 약불에서 5분간 조린다ⓒ. 과육이 물러지면 불을 끈다.
4. 병에 3의 살구를 시럽째 넣고, 샐비어를 넣는다ⓓ.

(보관 기간)

- 냉장실에서 약 10일.
- 약 이틀 후부터 먹을 수 있다.

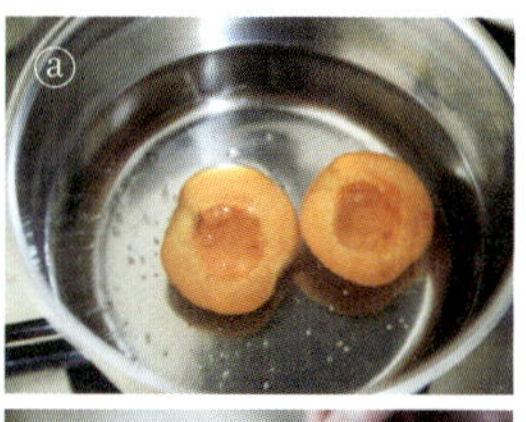

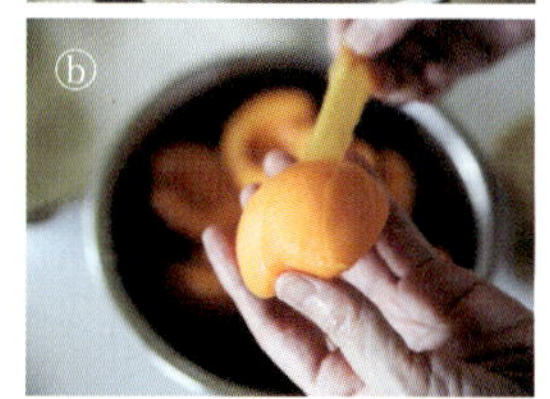

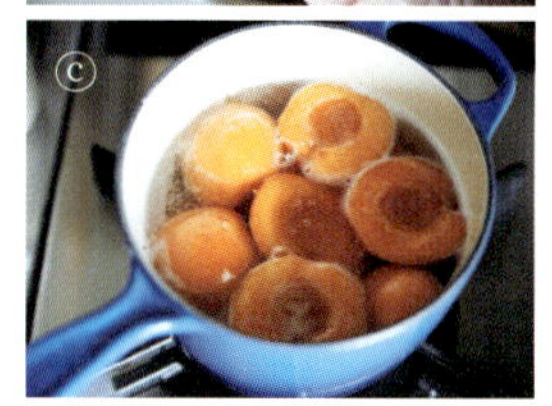

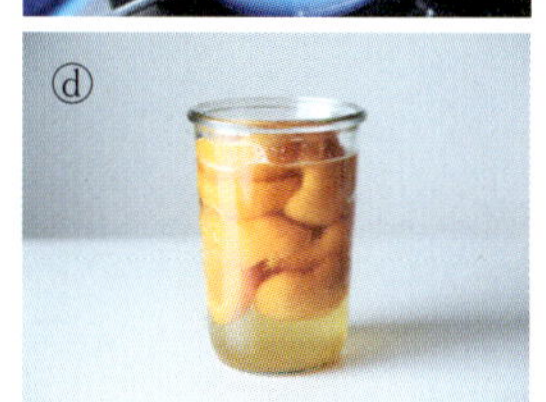

살구 스파이스 시럽절임

클로브와 시나몬을 넣어 풍미를 살리고, 살구의 아린 맛을 없앴다. 시럽에 절인 살구는 그대도 먹어도 좋고, 과자로 활용해도 좋다. 스파이스를 넣지 않고 플레인으로 만들어도 맛있다.

재료 만들기 쉬운 분량
* 1ℓ 병을 사용했다.

살구 … 600g

A 물 … 400㎖

　│ 첨채당 … 170g

클로브 … 2개

시나몬스틱 … 1개

준비

* 살구는 반으로 갈라 씨를 제거한다(p. 6).
* 병을 소독한다(p. 7).

만들기

1. 냄비에 물을 끓이고, 살구를 넣어서 20~30초간 데친다.

2. 1의 살구를 찬물에 담근 후 껍질을 벗긴다. 물기를 제거한 후 병에 담는다.

3. 냄비에 A를 넣고 중불을 켠다. 끓어오르면 불을 끈다.

4. 2의 병에 3의 시럽을 뜨거울 때 붓는다 ⓐ. 클로브와 시나몬도 넣고 뚜껑을 닫는다.

보관 기간

• 냉장실에서 1주일~10일.
• 약 이틀 후부터 먹을 수 있다.

살구와 레몬 카더멈주

재료 만들기 쉬운 분량
* 1ℓ 병을 사용했다.

살구 … 300g

첨채 얼음설탕 … 100g

무색 증류주 … 450㎖

카더멈 … 5~6개

슬라이스한 레몬 … 2조각

(두께 1㎝로, 껍질을 벗긴 것)

준비

* 살구는 깨끗하게 씻은 후 물에 10분 이상 담가둔다.
* 병을 소독한다(p. 7).

만들기

1. 병에 물기를 제거한 살구와 얼음설탕과 레몬을 번갈아 넣고, 카더멈도 넣는다.

2. 무색 증류주를 붓고ⓐ, 뚜껑을 닫는다.

보관 기간

• 어둡고 서늘한 곳에서 1년.
• 3개월 후부터 먹을 수 있지만, 6개월이 지나야 제맛을 느낄 수 있다.

첨채 얼음설탕으로
살구 과즙을 뽑아
내고, 무색 증류주
로 풍미를 살린 다
음 카더멈으로 향
을 냈다. 레몬을 넣
어 상큼한 맛을 더
했다.

살구잼

살구에 첨채당을
넣고 조리기만 한
심플한 잼이다. 살
구씨인 '행인杏仁'을
몇 알 넣으면 맛이
풍부해진다.

재료 만들기 쉬운 분량

살구 … 500g(씨를 제거한 과육)

첨채당 … 150~200g

(있다면) 살구씨 또는 행인 … 5개

* 행인은 행인두부를 만들 때 쓰이는 재료다.
'남행인', '북행인'이라는 이름으로 시판되고
있다. 중국 남부에서 재배한 '남행인'이 단맛
이 있어서 추천한다.

준비

* 살구는 반으로 갈라서 씨를 제거하고(p. 6),
껍질째 반달 모양으로 썬다.

만들기

1. 냄비에 살구를 넣고, 첨채당을 뿌린다ⓐ.
   냄비를 흔들어서 살구 전체에 첨채당을 묻
   히고ⓑ, 1~2시간 놔두면서 물기를 빼낸다.

2. 살구씨를 망치로 두드려서 씨의 핵(행인)
   을 꺼낸다.

3. 1의 냄비에 2를 넣고ⓒ, 중불을 켠다. 끓어
   오르면 약불로 줄인 후 거품을 걷어낸다
   ⓓ. 살구를 뭉개면서 15~20분간 조린다ⓔ.

4. 3이 뜨거울 때 열탕 소독(p. 7)한 병에 넣
   는다.

(보관 기간)

· 잼 보관 방법은 p. 7을 참조.
· 어둡고 서늘한 곳, 또는 냉장실
  에서 6개월간 보관 가능하다.

BASSES-PYRÉNÉES. — Augmentation de la Caisse locale du Cr
M. Filbet, président de la Caisse locale du Cr
a obtenu :
Avec 200 kil. de nitrate et du super. .   2 300 k. grain
1 500
Avec superph. (sans nitrate) . . . . .   800 k. grain 1 248 k. p
Avec 200 kil. de nitrate . . . .
Excédent produit par 200 kil. de nitrate

살구잼 쿠키

재료 20개 분량

살구잼(p. 34) ··· 60~80g
A 쌀가루 ··· 50g
  녹말 ··· 20g
  아몬드가루 ··· 30g
  첨채당 ··· 10g
  소금 ··· 한 꼬집
  생강가루 ··· ⅓t
B 식물성 오일 ··· 3T
  메이플시럽 ··· 2T
  무조정 두유 ··· 2T

준비

* 오븐은 160℃로 예열한다.
* 틀에 유산지를 깐다.

만들기

1. 볼에 A를 넣고 고무주걱으로 골고루 섞는다ⓐ.
2. B를 거품기로 잘 섞은 후 1에 넣고, 고무주걱으로 저으면서 하나로 뭉친다.
3. 지름 1㎝ 별깍지를 낀 짤주머니에 2를 넣고, 지름 3㎝ 원형으로 짜낸다ⓑ.
4. 손가락에 물을 살짝 묻힌 후 3의 가운데 부분을 누른다ⓒ. 짤주머니에 살구잼을 넣어 짠다ⓓ.
5. 160℃로 예열한 오븐에서 15분간 굽고, 온도를 150~145℃로 낮춘 후 10~15분간 더 굽는다.

살구와 바나나 파운드케이크

바나나, 살구 콩포트,
카더멈과 시나몬을
섞어서 만든 어른스
러운 맛의 케이크에
살구잼을 듬뿍 발라
고급스러움을 더했다.
손님을 대접할 때 내
놔도 좋고, 선물용으
로도 좋다.

재료 가로 7㎝×세로 15㎝×높이 6㎝ 파운드 틀 1개
　　　분량

살구 화이트와인 콩포트(p. 31)
　　… 반으로 자른 것 2개 분량
살구잼(p. 34) … 4~5T
A 박력분 … 120g
　아몬드가루 … 40g
　첨채당 … 15g
　베이킹파우더 … 1t
　카더멈파우더 … ⅓t
　시나몬파우더 … ⅓t
　소금 … 한 꼬집
B 바나나 … 100g
　메이플시럽 … 3T
　식물성 오일 … 2T
　무조정 두유 … 50㎖
첨채당… 적당량

준비

* 오븐은 170℃로 예열한다.
* 틀에 유산지를 깐다.
* 박력분은 체에 거른다.

만들기

1. 볼에 A를 넣고 고무주걱으로 섞는다.

2. 다른 볼에 B의 바나나를 넣고 포크로 으
   깬다ⓐ. B의 남은 재료를 넣고 거품기로
   잘 섞는다.

3. 살구 화이트와인 콩포트에 묻은 시럽을
   키친타월로 제거하고, 잘게 썬다.

4. 1의 볼에 2와 3을 넣고, 고무주걱으로 가
   루가 사라질 때까지 잘 섞는다ⓑ.

5. 틀에 4의 생지를 넣고, 170℃로 예열한 오
   븐에서 25~30분간 굽는다. 이쑤시개로 찔
   렀을 때 아무것도 묻어나오지 않으면 완성
   이다. 틀에서 꺼내 식힌다.

6. 5의 케이크를 가로로 반으로 갈라 살구잼
   을 바르고ⓒ, 첨채당을 체에 내리면서 케
   이크 전체에 뿌린다.

살구잼 규히마키[◆]

부드럽고 쫀득쫀득한 규히에, 살구잼과 민트 잎을 넣고 돌돌 만 일본식 간식이다. 맛있는 규히를 만드는 방법은 손을 쉬지 않고 반죽하는 것. 잠시만 방치해도 찹쌀가루가 굳기 때문에 쉬지 않고 재빨리 반죽하는 것이 포인트다. 여름에 먹으면 더없이 좋은, 차갑게 즐기는 과자다.

재료 16㎝×20㎝ 바트 1개 분량

살구잼(p. 34) … 70g

찹쌀가루 … 75g

물 … 180㎖

첨채당 … 100g

녹말 … 적당량

민트 잎 … 7장

만들기

1. 볼에 찹쌀가루와 물을 넣고 저으면서 찹쌀가루를 녹인다. 체에 내리면서 냄비에 넣고 ⓐ, 중불을 켠 다음 고무주걱으로 섞는다ⓑ.

2. 1이 굳어지면 불에서 냄비를 내려놓고, 다시 젓는다ⓒ.

3. 2가 부드러워지면 첨채당을 절반 넣고, 다시 중불을 켠 후 잘 섞는다. 반죽에 찰기가 생기면 불에서 내린 후 계속해서 젓는다ⓓ.

4. 3의 남은 첨채당을 넣고, 다시 불 위에 올린 후 섞는다ⓔ. 반죽에 찰기가 생기면 불에서 내리고, 계속해서 젓는다ⓕ.

5. 바트 전체에 녹말을 뿌리고, 4를 붓는다ⓖ. 표면을 고르게 정리한 후 녹말을 체 치면서 전체에 뿌린다ⓗ.

6. 한 김 식으면 냉장실에서 차갑게 식힌다.

7. 작업대에 랩을 깔고 6의 생지를 올린다. 표면에 묻은 녹말을 손으로 털어낸다. 생지 가장자리를 1㎝ 정도 남겨두고 살구잼을 바른다. 민트 잎은 잘게 찢어서 전체에 뿌린다. 앞에서부터 랩을 만다ⓘ. 냉장실에서 잘 식힌 후, 좋아하는 두께로 자른다.

◆ 규히求肥는 화과자의 재료 중 하나로, 찹쌀가루에 설탕과 물엿을 반죽한 것. 마키卷き는 돌돌 말린 것을 뜻한다. (옮긴이)

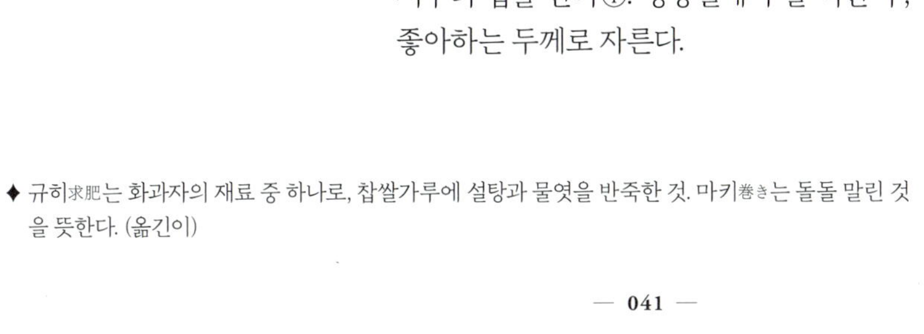

신선한 생살구를 아낌없이 넣고 구웠다. 아몬드 케이크와 달콤하게 구워진 촉촉한 살구, 입안에서 사르르 녹는 크럼블의 조화가 일품이다.

생살구 크럼블 케이크

재료 지름 18㎝ 원형 틀 1개 분량

살구 … 2개

[크럼블]

식물성 오일 … 2T 정도

A 박력분 … 40g

  아몬드가루 … 20g

  첨채당 … 20g

[케이크]

B 박력분 … 150g

  아몬드가루 … 100g

  첨채당 … 50g

  베이킹파우더 … 2t

C 식물성 오일 … 5T

  무조정 두유 … 150㎖

준비

* 오븐은 180℃로 예열한다.

* 틀에 유산지를 깐다.

* 살구는 반으로 갈라 씨를 제거하고 (p. 6), 껍질째 반달 모양으로 8등분 한다.

* B의 박력분은 체에 거른다.

만들기

1. 크럼블을 만든다. 볼에 A를 넣고, 식물성 오일을 조금씩 넣으면서 오일이 잘 스며들도록 손가락으로 문지르며 소보로 상태로 만든다ⓐ.

2. 다른 볼에 B를 넣고 고무주걱으로 잘 섞는다.

3. 다른 볼에 C를 넣고 거품기로 섞는다.

4. 2의 볼에 3을 넣고, 고무주걱으로 섞는다ⓑ.

5. 틀에 4의 생지를 넣고ⓒ, 살구를 올린다ⓓ.

6. 1의 크럼블을 5의 생지 전체에 올리고ⓔ, 180℃로 예열한 오븐에서 30분간 굽는다. 이쑤시개로 찔렀을 때 아무것도 묻어나지 않으면 완성이다.

살구를 100℃ 저온
에서 구워 단맛이
강해졌다. 그대로 먹
어도 좋지만, 살구
화이트와인 콩포트
시럽에 재어두면 말
랑말랑하고 달콤한
반건조 살구가 된다.

반건조 살구

재료 만들기 쉬운 분량

살구 … 적당량
살구 화이트와인 콩포트(p. 31) 시럽 … 적당량
* 살구 스파이스 시럽절임(p. 32)의 시럽 또는 럼주나 쿠앵트로 등
  좋아하는 술을 선택해도 된다.

준비

* 오븐은 100℃로 예열한다.
* 틀에 유산지를 깐다.

만들기

1. 살구는 반으로 갈라 씨를 제거하고(p. 6), 껍질째 반
   달 모양으로 4등분한다.

2. 1의 살구를 틀에 늘어놓고ⓐ, 100℃로 예열한 오븐
   에서 1시간 굽는다.

3. 병에 넣고, 살구 화이트와인 콩포트 시럽 또는 좋아
   하는 술을 붓는다ⓑ.

생살구 갈레트

살구에 타임을 넣어서 만든 갈레트다. 바삭한 갈레트와 촉촉한 살구가 매우 잘 어울린다. 틀을 사용하지 않고, 손으로 가장자리를 둘러싸듯 접어서 간편하게 만들었다. 갈레트는 따뜻한 때 먹어야 가장 맛있다.

재료 1개 분량

살구 … 450g(씨를 제거한 과육)
A 쌀가루 … 120g
　아몬드가루 … 50g
　녹말 … 20g
　첨채당 … 15g
　소금 … 한 꼬집
B 코코넛오일(무향) … 5T
　메이플시럽 … 3T
　무조정 두유 … 3T
C 옥수수 녹말 … 1T
　타임 … 2줄기(적당한 크기로 자른다)
첨채 그래뉴당 … 적당량

준비

* 오븐은 190℃로 예열한다.
* 살구는 반으로 갈라 씨를 제거하고(p. 6),
　껍질째 반달 모양으로 8등분한다.

만들기

1. 볼에 A를 넣고 고무주걱으로 골고루 섞는다.

2. 다른 볼에 B를 넣고 거품기로 잘 섞는다.

3. 1의 볼에 2를 넣고, 고무주걱으로 섞는다 . 가루가 뭉쳐지지 않으면 두유를 조금(분량 외) 넣는다.

4. 볼 안쪽 벽에 묻은 가루까지 닦아가면서 반죽하고 , 하나로 뭉쳐진 반죽을 네모 모양으로 정돈한다 .

5. 유산지 위에 4의 생지를 올리고, 랩을 덮은 후 밀대로 밀어 두께 5㎜로 만든다 .

6. 볼에 살구를 넣고, C를 넣은 후 섞는다 .

7. 5의 생지 가장자리를 5㎝ 남겨두고, 6의 살구를 올린다 .

8. 생지 가장자리를 안으로 접는다.

9. 생지 위에 첨채 그래뉴당을 뿌리고 , 190℃로 예열한 오븐에서 20~25분간 굽는다.

살구 에너지바

재료 16㎝×20㎝ 바트 1개 분량

말린 살구(시판용) … 150g
* 반건조 살구(p. 45)를 사용해도 좋다.

오트밀 … 130g

A 메이플시럽 … 3T
　코코넛오일 … 100㎖

B 아몬드 … 50g
　해바라기씨 … 30g
　호박씨 … 40g
　말린 살구(시판용) … 5개
　* 반건조 살구를 사용해도 좋다.

준비

* 오븐은 130℃로 예열한다.
* 틀에 유산지를 깐다.
* 말린 살구 150g은 따뜻한 물에 담가서 불린다ⓐ.
* 바트에 유산지를 깐다.

만들기

1. 오트밀은 오븐 틀에 펼쳐 담아 130℃로 예열한 오븐에서 15분간 로스팅한다.

2. 따뜻한 물에 불린 말린 살구 150g은 키친타월로 물기를 제거하고, A와 함께 푸드프로세서에 넣어 페이스트 상태가 될 때까지 블렌딩한다ⓑ.

3. 볼에 1과 2 그리고 B의 말린 살구 이외의 재료를 넣고, 고무주걱으로 섞은 다음 바트에 담는다.

4. B의 말린 살구는 반으로 자르고, 3의 양 끝에 놓는다ⓒ. 냉장실에서 1~2시간 차갑게 굳힌다. 칼로 10등분한다.

말린 살구에는 철분과 칼륨이 풍부하다. 거기에 식이섬유가 풍부한 오트밀, 비타민E와 혈행 개선에 효능이 있는 해바라기씨, 비타민K와 철분이 많은 호박씨를 넣고 굳혔다. 손쉽게 영양을 보충할 수 있는 건강한 과자다.

살구 코코넛볼

재료 약 20개 분량

말린 살구(시판용) … 30g

* 반건조 살구(p. 45)를 사용해도 좋다.

A 박력분 … 80g

  아몬드가루 … 30g

  첨채당 … 15g

  코코넛 파인 … 10g

  소금 … 한 꼬집

식물성 오일 … 3T

메이플시럽 … ½T

준비

* 오븐은 160℃로 예열한다.
* 말린 살구는 따뜻한 물에 담가서 불린다.

만들기

1. 말린 살구는 잘게 썰고, 키친타월로 물기를 제거한다ⓐ.

2. 볼에 A를 넣고 고무주걱으로 골고루 섞는다. 식물성 오일을 넣은 후 고무주걱 날로 자르듯이 섞는다.

3. 2의 볼에 1과 메이플시럽을 넣고, 손으로 생지를 반죽한다ⓑ.

4. 3을 10g씩 동그랗게 빚고, 160℃로 예열한 오븐에서 10분간 굽는다. 온도를 150℃로 낮춘 후 10분간 더 굽는다. 따뜻할 때 첨채당(분량 외)을 묻힌다ⓒ.

입안에서 사르르 녹는, 한입 크기의 쿠키다. 말린 살구의 상큼함과 코코넛의 고소한 향 그리고 메이플시럽의 풍미가 최고의 조합을 자랑한다.

두유 요거트를 베이스로 한 비건 스타일의 레어 치즈케이크다. 살구 화이트와인 콩포트로 만든 나파주♦가 케이크의 맛을 한층 업그레이드해준다. 마지막에 타임을 뿌려서 세련된 맛으로 완성했다.

♦ 나파주nappage는 과자의 신선도를 유지하고 표면에 윤기를 내기 위해 바르는 것 (옮긴이)

살구 레어 치즈케이크

재료 지름 15㎝ 원형 틀 1개 분량

A 살구 화이트와인 콩포트(p. 31) … 1개

　살구 화이트와인 콩포트 시럽 … 100㎖

두유 요거트 … 400g

B 메이플시럽 … 2T

　레몬즙 … 1T

　한천가루 … ½t

C 첨채당 … 40g

　코코넛오일 … 50㎖

　소금 … ¼t

우무 … ⅓t

타임 잎 … 2줄기 분량

준비

* 볼에 체를 걸친 후 천을 깔고 두유 요거트를 붓는다. 하룻밤 동안
물기를 빼 정량의 반(200g)으로 맞춘다.

* 틀에 유산지를 깐다.

만들기

1. 작은 냄비에 B를 넣고 불을 켠다. 끓어오르면 약불
로 줄이고, 고무주걱으로 1분 정도 젓는다ⓐ.

2. 볼에 물기를 뺀 두유 요거트, C, 1을 넣고 핸드블렌
더로 블렌딩한다ⓑ.

3. 틀에 2의 생지를 넣고ⓒ, 냉장실에서 차갑게 굳힌
다. 굳힌 다음에는 실온에 꺼내놓는다.

4. A를 핸드블렌더로 블렌딩한 후 작은 냄비에 넣는다.
우무를 넣고 한 번 저은 후 중불을 켠다. 끓어오르
면 약불로 줄이고, 1분 정도 고무주걱으로 젓는다.

5. 4를 볼에 옮기고, 찬물을 받쳐 열을 식힌다ⓓ. 3의
케이크 위에 올린 후 빠르게 펴 바른다. 케이크 위에
타임 잎을 뿌린다.

　* 이때 3의 케이크가 차가우면 4가 금방 굳기 때문에, 3은 실온
에 두는 게 좋다.

전립분을 넣어서 식감이 바
삭한 타르트 껍질에, 코코아
풍미가 진한 아몬드 크림과
화이트와인의 달콤한 향이
감도는 살구 콩포트를 올렸
다. 세 가지 맛이 매우 조화
로워서 자꾸만 손이 간다.

살구와 코코아 타르트

재료 지름 18㎝ 타르트 틀 1개 분량

살구 화이트와인 콩포트(p. 31) … 5개

A 박력분 … 100g
　전립분 … 20g
　첨채당 … 10g

B 식물성 오일 … 50㎖
　무조정 두유 … 30㎖

C 아몬드가루 … 100g
　박력분 … 30g
　코코아파우더 … 20g
　베이킹파우더 … ⅓t
　소금 … 한 꼬집

D 식물성 오일 … 2T
　메이플시럽 … 3T
　무조정 두유 … 2T

피스타치오 … 적당량

준비

* 오븐은 180℃로 예열한다.

만들기

1. 볼에 A를 넣고 고무주걱으로 섞는다.

2. 다른 볼에 B를 넣고 거품기로 섞는다. 1의 볼에 넣고, 고무주걱 날로 자르듯이 섞는다ⓐ.

3. 볼 안쪽 벽에 묻은 가루까지 닦아가면서 손으로 반죽한다ⓑ. 가루가 잘 뭉쳐지지 않으면 두유를 조금(분량 외) 넣는다.

4. 3의 생지를 밀대로 밀어 틀보다 조금 크게 만든다ⓒ.

5. 생지를 밀대에 걸어서 틀에 올리고ⓓ, 밀대로 밀면서 가장자리에 남은 생지를 잘라낸다. 틈이 생기지 않도록 손끝으로 가장자리를 눌러주고, 포크로 바닥에 구멍을 낸다.

6. 볼에 C를 넣고 고무주걱으로 골고루 섞는다.

7. 다른 볼에 D를 넣고 거품기로 잘 섞는다. 6의 볼에 넣고 고무주걱으로 잘 섞는다ⓔ.

8. 5에 7을 깔고, 살구 화이트와인 콩포트를 올린 후ⓕ, 180℃로 예열한 오븐에서 20~25분간 굽는다. 피스타치오를 콩포트 위에 올리고, 한 김 식으면 틀에서 꺼낸다.

행인두부 ♦

가정에서 직접 만든 행인두부를 꼭 맛봤으면 해서 소개한다. 행인두부는 살구씨 안에 있는 '행인'으로 만든다. 행인두부와 살구 스파이스 시럽이 매우 잘 어울린다.

재료 2~3인분

살구 스파이스 시럽절임(p. 32)
　… 취향껏(토핑용)
행인(살구씨) … 100g
물 … 400㎖
A 메이플시럽 … 4t
　아가베시럽 … 4t
　한천가루 … ¾t
무조정 두유 … 100㎖

준비

* 행인은 물에 하룻밤 담가둔다ⓐ.

만들기

1. 행인을 체에 올려서 물기를 빼고, 믹서에 넣는다. 물을 넣고 알갱이가 보이지 않을 때까지 믹서를 돌린다.

2. 면포 위에 1을 올리고ⓑ, 물기를 꽉 짠다.

3. 냄비에 2와 A를 넣고 중불을 켠다. 끓어오르면 약불로 줄이고 1분 정도 더 끓인다. 두유를 넣고, 두유가 데워지면 불에서 내린다.

4. 3의 냄비에 있는 재료를 볼에 옮겨 담는다. 얼음물을 받치고 고무주걱으로 저으면서 식힌다. 한 김 식으면 용기에 담아 차갑게 굳힌다. 그릇에 적당히 담고, 살구 스파이스 시럽절임을 올린다.

♦ 행인두부杏仁豆腐는 중국식 푸딩인데, 생김새 때문에 두부라는 이름이 붙었다. 일본식 명칭은 안닌도후. (옮긴이)

어렸을 때 좋아했던 아이스바를
떠올리며 만들었다. 진한 살구
과즙이 가득하다. 어린아이도 먹
을 수 있도록 살구 스파이스 시
럽절임(p. 32)에서 스파이스를
뺀 시럽만 사용했다.

살구 아이스바

재료 4개 분량

말린 살구(시판용) … 2개
A 살구 스파이스 시럽절임(p. 32)의
　　시럽 … 200㎖
　＊스파이스는 넣지 않는다.
살구 스파이스 시럽절임 … 1개
　＊스파이스는 넣지 않는다.

만들기

1. 말린 살구는 따뜻한 물에 넣어서 불
린 후, 키친타월로 물기를 제거한다.
사방 1.5㎝ 크기로 자른다.

2. 믹서에 A를 넣고 부드러워질 때까지
간다.

3. 아이스크림 틀에 1과 2를 넣고 나무
막대기를 꽂는다. 냉동실에서 얼린다.

매실에 대하여

○ 매실에 대한 짤막한 지식

매실나무는 장미과 벚나무속인 낙엽활엽수다. 중국 중남부가 원산지로, 쓰촨성과 후베이성 산간이 주요 원산지로 알려져 있다. 고대 중국에서 약용 식물로 귀하게 여겨 다양한 의학적 용도에 사용했다고 한다.

○ 매실의 품종

매실에는 꽃을 관상하는 '화매'와 과실을 이용하는 '실매'가 있다. 실매에는 '남고', '고성', '옥영', '백가하', '풍후', '앵숙', '갑주최소' 등의 품종이 있다. '남고'는 껍질이 얇고 과육이 부드러워서 매실주나 조림 요리에 잘 어울린다. '고성'은 단단한 과육과 상큼한 향이 특징으로, 매실주나 매실 시럽에 잘 어울린다. '백가하'는 껍질이 두껍고 과육이 단단하다. 매실주, 매실잼 등과 잘 어울린다. '풍후'는 신맛이 적은 것이 특징이다.

○ 매실의 제철

매실은 6월 초부터 7월 말까지가 제철이다. 빠르면 5월 말부터 매실이 나오기 시작한다.

○ 매실 보관법

매실은 흠집이 잘 나고, 실온에 보관하면 곰팡이가 생기기 쉽다. 구입한 후 바로 요리하는 것이 좋지만, 그러지 못할 경우는 지퍼백에 겹치지 않게 넣은 후 냉동(p. 6 참조)하면 된다. 청매실을 후숙해서 황매실로 만들 때는 흠집이 없는 매실을 골라 소쿠리에 겹치지 않게 늘어놓고, 10℃ 정도의 바람이 잘 통하는 어두운 곳에 두면 된다.

○ 매실의 영양에 대하여

매실의 신맛 성분에는 구연산, 말산 등이 포함되어 있다. 식욕 증진, 피로 회복, 어깨결림 완화, 암 예방, 노화 방지에 좋다. 미네랄과 칼슘, 철분도 풍부해서 뼈 건강과 혈행 촉진 등의 작용도 한다.

신맛이 강한 매실은 스파이스
나 허브와 매우 잘 어울린다.
우선은 스파이스와 허브를
넣은 시럽, 콩포트, 주스, 매
실주, 잼 만드는 방법을 소개
하겠다.
덜 익은 청매실로 만들어도
좋고, 잘 익은 황매실로 만들
어도 좋다.
그다음으로는 매실 시럽과
매실잼을 사용한 쿠키, 마들
렌, 양갱, 팥만주 레시피를 실
었다.

매실과 로즈메리, 레몬그라스, 샐비어를 얼음설탕에 재워 산뜻하게 만든 주스다. 냉동 매실을 사용하면 주스를 보다 빨리 맛볼 수 있다. 개성적이고 어른들이 좋아하는 맛이라서 탄산수와 섞으면 무알코올 칵테일로도 즐길 수 있다.

매실과 허브 주스

재료 만들기 쉬운 분량

* 1ℓ 병을 사용했다.

청매실(또는 황매실) ⋯ 500g

첨채 얼음설탕 ⋯ 500g

로즈메리(생) ⋯ 1줄기

레몬그라스(생)

　⋯ 2잎(20㎝ 정도)

샐비어(생) ⋯ 2줄기

준비

* 매실은 물에 담가서 떫은맛을 없앤 후 꼭지를 딴다(p. 6). 보관 용기나 지퍼백에 겹치지 않게 매실을 넣은 후 냉동한다.
* 병을 소독한다(p. 7).

(보관 기간)

• 냉장실에서 약 10일.

준비

1. 병에 미리 얼려둔 매실과 얼음설탕을 번갈아 넣는다. 중간중간에 허브도 넣으면서 얼려둔 매실과 얼음설탕을 채운다. 병 맨 위에는 얼음설탕이 오도록 한다.

2. 뚜껑을 닫은 후 어둡고 서늘한 곳에 둔다. 하루 두 번 아침저녁으로 병을 위아래로 흔들어주고, 약 10일간 기다린다. 중간에 발효되면 뚜껑을 열고 가스를 뺀다.

잘 익은 매실에 팔각과 시나몬을 넣은 스파이시한 시럽이다. 물이나 탄산수에 섞으면 훌륭한 주스가 된다. 남은 매실에 설탕을 넣어 잼을 만들 수 있고, 그 잼은 과자 재료로도 활용할 수 있다.

매실 스파이스 시럽

재료 만들기 쉬운 분량

* 1ℓ 병을 사용했다.

황매실(또는 청매실) ⋯ 500g

첨채 얼음설탕 ⋯ 500g

팔각 ⋯ 1개

시나몬스틱 ⋯ 1개

클로브 ⋯ 2~3개

준비

* 매실은 물에 담가서 떫은맛을 없앤 후 꼭지를 딴다(p. 6).
* 병을 소독한다(p. 7).

(보관 기간)

• 냉장실에서 2~3개월.

만들기

1. 매실은 물기를 닦고, 이쑤시개나 포크로 표면에 구멍을 낸다.

2. 병에 1의 매실과 얼음설탕을 번갈아 넣는다. 중간중간 스파이스도 같이 넣는다. 병 맨 위에는 얼음설탕이 오도록 한다.

3. 뚜껑을 닫은 후 어둡고 서늘한 곳에 둔다. 하루 두 번 아침저녁으로 병을 위아래로 흔들어주고, 약 10일간 기다린다. 중간에 발효되면 뚜껑을 열고 가스를 뺀다.

4. 냄비에 3의 시럽을 넣고 20분 정도 약불에서 끓인다. 어느 정도 졸여지면 불을 끄고 그대로 식힌다.

5. 매실과 스파이스를 넣은 병에 4의 시럽을 넣고, 뚜껑을 닫는다.

○ 살구에 대한 짤막한 지식

살구나무는 매실과 마찬가지로 장미과 벚나무속에 해당한다. 원산지는 중국 동부의 산둥성, 산시성, 허베이성의 산악지대로, 기원전 4,000년 전부터 재배되었다고 한다. 살구씨 안에 있는 흰색 알맹이인 행인은 예부터 한방생약으로 이용됐다. 기침, 가래, 진통, 염증에 효과가 있다.

○ 살구의 품종

살구 품종에는 잼에 어울리는 '평화', '신주대실'과 시럽절임이나 설탕절임에 어울리는 '산형3호', 생과일로 먹을 수 있는 '하코트' 등이 있다.

○ 살구의 제철

살구는 6월 말부터 7월 말까지 한 달 정도가 제철이다. 생과일로 먹을 수 있는 '산형3호', '하코트'는 제철 시기가 더 짧아서, 7월 중순부터 말까지 2주 정도다.

○ 살구 보관법

숙성되지 않은 살구는 바람이 잘 통하고 어두운 곳에 두어서 숙성해야 한다. 2~3일 정도 지나면 색이 진해지고 맛있는 냄새가 난다. 오렌지색이 진해지고 과육이 부드러워지기 시작하면 먹을 수 있다. 시럽절임으로 만들 때는 조금 단단한 살구를 사용하는 것이 좋다. 다 익은 살구는 마르지 않게 지퍼백에 넣거나 랩으로 감싼 후 냉장실에 보관한다.

○ 살구의 영양에 대하여

카로틴이 풍부해서 암 예방, 노화 방지에 좋고, 점막을 강화해 면역력을 높여주는 작용을 한다. 비타민B2, 비타민C, 구연산, 말산이 함유되어 피로 회복, 식욕 증진, 감기 예방, 변비 개선 작용도 한다.

고품격 매실 과자

Elegant Ume Sweets

이제껏 매실을 사용해서 프
랑스 전통 과자를 만들어
본 적은 없었다. 그러나 막
상 시도해보니, 매실의 상큼
함과 가열했을 때 나오는 단
맛 그리고 약간의 떫은맛이
프랑스 과자와 매우 잘 어울
렸다.
프랑스식 제과 기법을 베이
스로 한 매실 과자를 꼭 만
들어보길 바란다.

매실 플레인 시럽

그래뉴당에 청매실을 절인 플레인 시럽이다. 백설탕(상백당)이 아닌 그래뉴당에 절여서 깔끔한 맛을 냈다.

재료 만들기 쉬운 분량

* 1ℓ 병을 사용했다.

청매실(또는 황매실) ⋯ 400g

그래뉴당 ⋯ 400g

준비

* 매실은 물에 담가서 떫은맛을 없앤 후 꼭지를 딴다. 지퍼백에 겹치지 않게 매실을 넣은 후 냉동한다(p. 6).

* 병을 소독한다(p. 7).

만들기

1. 병에 미리 얼려둔 매실과 그래뉴당을 번갈아 넣는다. 병 맨 위에는 그래뉴당이 오도록 한다ⓐ.

2. 뚜껑을 닫은 후 어둡고 서늘한 곳에 둔다. 하루 두 번 아침저녁으로 병을 위아래로 흔들어주고, 10일~2주 정도 기다린다. 중간에 발효되면 뚜껑을 열고 가스를 뺀다.

(보관 기간)

• 어둡고 서늘한 곳에서 약 1년.

매실 카더멈 진저 시럽

청매실 플레인 시럽에 카더멈과 생강을 추가했다. 알싸한 향이 감도는 상쾌한 시럽이다.

재료 만들기 쉬운 분량

* 1ℓ 병을 사용했다.

황매실(또는 청매실) ⋯ 400g

그래뉴당 ⋯ 400g

얇게 저민 생강 ⋯ 5조각

카더멈 ⋯ 5알

준비

* 매실은 물에 담가서 떫은맛을 없앤 후 꼭지를 딴다. 지퍼백에 겹치지 않게 매실을 넣은 후 냉동한다(p. 6).

* 병을 소독한다(p. 7).

만들기

1. 병에 미리 얼려둔 매실과 그래뉴당을 번갈아 넣는다. 중간에 생강과 카더멈도 넣어가면서 매실과 그래뉴당을 더 담는다. 병 맨 위에는 그래뉴당이 오도록 한다ⓐ.

2. 뚜껑을 닫은 후 어둡고 서늘한 곳에 둔다. 하루 두 번 아침저녁으로 병을 위아래로 흔들어주고, 10일~2주 정도 기다린다. 중간에 발효되면 뚜껑을 열고 가스를 뺀다.

(보관 기간)

• 어둡고 서늘한 곳에서 약 1년.

매실 벌꿀주

오렌지 향이 나는 리큐어와 꿀 그리고 쿠앵트로에 청매실을 넣어 과일 향이 나는 매실주를 만들었다.

재료 만들기 쉬운 분량

* 750㎖ 병을 사용했다.

청매실(또는 황매실) ··· 400g

꿀 ··· 250g

쿠앵트로 ··· 150g

준비

* 매실은 물에 담가서 떫은맛을 없앤 후 꼭지를 딴다. 지퍼백에 겹치지 않게 매실을 넣은 후 냉동한다(p. 6).

* 병을 소독한다(p. 7).

ⓐ 

만들기

1. 병에 미리 얼려둔 매실을 넣고, 꿀과 쿠앵트로를 넣는다ⓐ.

2. 뚜껑을 닫은 후 어둡고 서늘한 곳에 둔다. 하루 두 번 아침저녁으로 병을 위아래로 흔들어주고, 10일~2주 정도 기다린다. 중간에 발효되면 뚜껑을 열고 가스를 뺀다.

(보관 기간)

• 어둡고 서늘한 곳에서 약 1년.

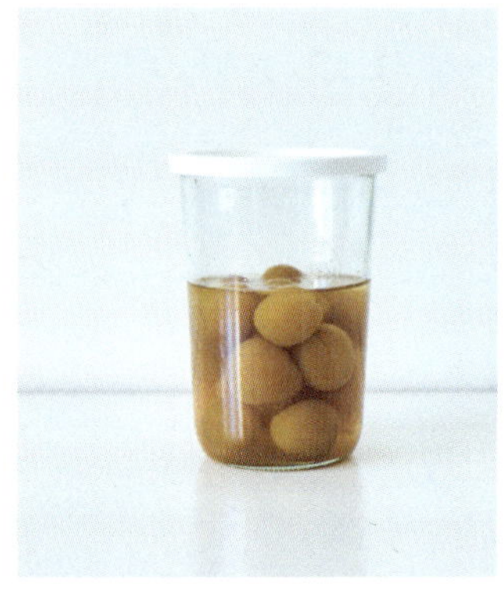

Arranged recipe

매실 엘더플라워 시럽

만들기

1ℓ 병에 미리 얼려둔 매실 500g을 넣고, 엘더플라워 시럽 500g을 넣는다. 뚜껑을 닫아 어둡고 서늘한 곳에 둔다. 하루 두 번 아침저녁으로 병을 위아래로 흔들어주고, 10일~2주 정도 기다린다. 중간에 발효되면 뚜껑을 열고 가스를 뺀다.

(보관 기간)

• 어둡고 서늘한 곳에서 약 1년.

절인 매실을 과자 재료로 활용하는 법

시럽 만드는 데 사용해 쪼글쪼글해진 매실을 불려서 시럽에 한 번 더 조리면 과자 레시피 재료로 재탄생한다. 물론 그대로 먹어도 맛있다.

재료 만들기 쉬운 분량

절인 매실 ··· 300g

물 ··· 300g

그래뉴당 ··· 180g

준비

* 병을 소독한다(p. 7).

(보관 기간)

• 냉장실에서 약 2주. 시럽과 함께 냉동실에 넣어두면 약 6개월간 보관할 수 있다.

만들기

1. 냄비에 절인 매실과 물을 넣고(매실이 잠길 만큼 넣는다)ⓐ, 약불을 켠 후 10~15분간 끓인다. 매실이 불어나지 않으면 몇 분 더 끓인다.

2. 1의 냄비에 그래뉴당을 넣고, 매실이 부드러워질 때까지 10분 정도 더 약불에서 조린다. 불을 끄고 그대로 식힌다.

3. 병에 2를 시럽째 담는다.ⓑ.

ⓐ 

ⓑ 

매실을 맛있게 조린 요리다. 아직 덜 익은 파릇파릇한 청매실과 이제 막 노랗게 익기 시작한 매실 그리고 진한 향기를 풍기는 잘 익은 황매실을 같이 조리면, 각기 다른 향과 색감을 즐길 수 있다.

매실 설탕조림

재료 만들기 쉬운 분량

청매실(또는 황매실) ··· 300g
물 ··· 300g
그래뉴당 ··· 250g

준비

* 매실은 물에 담가서 떫은맛을 없앤 후 꼭지를 딴다(p. 6). 황매실은 떫은맛을 없애지 않아도 된다.
* 병을 소독한다(p. 7).

(보관 기간)

· 냉장실에서 약 2주. 시럽과 함께 냉동실에 넣어 두면 약 6개월간 보관할 수 있다.

만들기

1. 냄비에 매실을 넣고, 매실이 잠길 만큼 물을 부은 후 (분량 외) 중불을 켠다. 50℃가 되면 물을 한 번 버린다(물이 끓으면 매실 껍질이 벗겨질 수 있으니 주의한다).

2. 1을 3회 반복한다.

3. 냄비에 물과 그래뉴당 절반을 넣고 중불을 켠다. 끓어오르면 약불로 줄이고, 키친타월을 덮은 후 10분간 더 조린다.

4. 키친타월 위에 나머지 그래뉴당을 뿌리고, 10분간 더 조린다. (키친타월을 덮은 채로 조리면 매실의 촉촉함이 유지된다.) 불을 끄고 차갑게 식힌다.

5. 병에 4를 시럽째 담는다.

매실만 넣은 심플한 매실잼과 향긋한 매실 카더멈 잼을 소개하겠다. 여기에서는 그래뉴당을 매실 중량의 50%만 넣었지만, 취향에 맞게 늘려도 좋다. 잼을 졸이는 냄비는 산성에 부식되지 않는 법랑이나 스테인리스, 뚝배기, 흠집이 나지 않는 불소플라스틱 가공 냄비를 사용하는 것이 좋다. 알루미늄 재질의 냄비는 안 된다.

매실 플레인 잼과 매실 카더멈 잼

재료 만들기 쉬운 분량

청매실(또는 황매실)
　… 500g(씨를 제거한 과육)

그래뉴당 … 250g

카더멈 … 2개
* 매실 카더멈 잼을 만들 경우.

준비

* 매실은 물에 담가서 떫은맛을 없앤 후 꼭지를 딴다(p. 6). 황매실은 떫은맛을 없애지 않아도 된다.

(보관 기간)

• 잼 보관 방법은 p. 7을 참조.
• 냉장실에서 약 1개월, 냉동실에서 약 6개월 보관할 수 있다.

만들기

1. 냄비에 매실을 넣고, 매실이 잠길 만큼 물을 부은 후 중불을 켠다. 끓어오르면 물이 팔팔 끓지 않을 정도로 불을 줄인다. 매실이 떠오르면 바로 불을 끈다ⓐ.

2. 냄비에 찬물을 붓고 매실을 식힌다. 다 식으면 물을 버린다.

3. 1~2를 3회 반복한다.

4. 볼에 3의 매실을 넣고, 한 김 식으면 조리용 장갑을 끼고 매실을 으깨면서 씨를 발라낸다ⓑ.

5. 4의 매실 무게를 재고ⓒ, 매실 절반 분량의 그래뉴당을 넣은 후 섞는다ⓓ. 한 시간 정도 그대로 둔다.

6. 5에 중불을 켜고 부글부글 끓기 시작하면 거품을 걷어낸다. 약간 걸쭉해질 때까지 천천히 저으면서 졸인다ⓔ.

* 매실에는 펙틴이 다량 함유되어 너무 졸이면 단단하게 굳을 수 있다. 매실 카더멈 잼을 만들 때는 여기에 카더멈을 넣는다. 열탕 소독(p. 7)한 병에 뜨거운 잼을 담는다.

매실 향
에디블 플라워 젤리

매실 플레인 시럽
으로 만든 젤리에
먹을 수 있는 꽃,
에디블 플라워를
넣은 귀여운 과자
다. 에디블 플라
워를 넣지 않으면
심플한 매실 젤리
가 된다.

재료 가로 14.5㎝×세로 20.8㎝×높이 4.4㎝ 바트 1개 분량
(800㎖ 분량)

판젤라틴 … 15g
A 매실 플레인 시럽(p. 62) … 350g
　│ * 매실 카더멈 진저 시럽(p. 62)을 사용해도 좋다.
　│ 물 … 150g
(취향대로) 에디블 플라워 … 적당량
* 여기에서는 바질 꽃, 회향 꽃, 민트 잎을 사용했다.

준비

* 판젤라틴은 물에 불린다.

만들기

1. 냄비에 A를 넣고 중불을 켠 다음 60℃까지 데운다.

2. 물기를 꽉 짠 젤라틴을 1에 넣고, 섞으면서 녹인다.

3. 볼에 2를 넣고, 얼음물을 받치고 고무주걱으로 천천히 저으면서 살짝 걸쭉해질 때까지 식힌다ⓐ.

4. 바트에 물을 살짝 뿌리고, 3의 젤리 액을 붓는다. 에디블 플라워를 전체에 골고루 뿌리고ⓑ, 냉장실에 넣은 후 차갑게 굳힌다.

5. 4의 젤리와 바트 사이에 스패출러 등을 넣어서 공기를 넣은 다음, 도마나 접시 위에 바트를 뒤집어서 젤리를 꺼낸다. 먹기 좋은 크기로 자른다.

매실 그라니테

매실 플레인 시럽
의 매실을 넣어서
만든 그라니테다.
맛이 상큼해서 여
름에 냉동실에 넣
어두고 매일 먹고
싶은 디저트다.

재료 만들기 쉬운 분량

A 매실 플레인 시럽(p. 62) … 200g

   | * 매실 카더멈 진저 시럽(p. 62)을 사용해도 좋다.
   | 물 … 300g

매실 플레인 시럽의 매실 … 3~4개
(있으면) 식용 로즈메리 … 적당량

만들기

1. 볼에 A를 넣고 고무주걱으로 잘 섞은 후 용기에 담는다.

2. 매실을 잘게 썬 후 1의 용기에 넣고 잘 섞는다.

3. 2를 냉동실에 넣고 차갑게 굳힌다. 2~3시간마다 숟가락이나 포크로 저으면서 공기를 넣는다ⓐ. 이것을 2~3회 반복한다.

매실 파트 드 프뤼

재료 가로세로 18㎝ 사각형 틀 1개 분량

A 매실 퓌레(하단 참조) … 180g
│ 물 … 180g
│ 물엿 … 30g
B 그래뉴당 … 20g
│ HM펙틴 … 10g
C 구연산 … 3g
│ 물 … 3g
그래뉴당Ⓐ … 300g
그래뉴당Ⓑ
　… 적당량(마지막에 묻히는 용도)

준비

* B를 섞어둔다.
* C를 잘 섞고 구연산을 녹인다.

만들기

1. 냄비에 A와 B를 넣고 거품기로 잘 섞는다.

2. 1을 중불에 올린다. 부글부글 끓어오르면 그래뉴당Ⓐ를 세 번 나눠서 넣고, 고무 주걱으로 저으면서 녹인다ⓐ.

3. 2를 더 저으면서 105℃가 될 때까지 끓인다. 제대로 젓지 않으면 굳을 수 있으므로 골고루 잘 저어야 한다. 불을 끄고 C를 넣은 후 잘 섞는다.

4. 3을 틀에 재빨리 붓고, 평평하게 만든 다음 그대로 식힌다ⓑ.

5. 4가 굳으면 물을 묻힌 칼로 사방 3㎝ 크기로 자르고ⓒ, 그래뉴당Ⓑ를 묻힌다ⓓ.

（보관 기간）

• 어둡고 서늘한 곳에서 1주일~10일

[매실 퓌레]

과자 재료로 종종 등장하는 매실 퓌레. 100~200g씩 소분해 지퍼백에 얼려두면 나중에 사용하기 편리하다.

재료 만들기 쉬운 분량

매실(또는 황매실)
　… 400g(씨를 제거한 과육)
그래뉴당
　… 80g(매실 중량의 20%)

준비

* 매실은 물에 담가서 떫은맛을 없앤 후 꼭지를 딴다. 지퍼백에 겹치지 않게 매실을 넣은 후 냉동한다(p. 6).

만들기

1. 냄비에 미리 얼려둔 매실을 넣고, 물을 자작하게 부은 후 중불을 켠다. 10~20분 가열한다ⓐ.

2. 매실이 부드러워지면 불을 끄고, 체에 옮겨서 식힌 후 씨를 제거한다ⓑ.

3. 2의 매실 무게를 재고, 그 무게의 20%에 해당하는 그래뉴당을 준비한다.

4. 매실과 그래뉴당을 섞은 후 핸드 블렌더로 부드러워질 때까지 블렌딩한다. 매실 껍질이 신경 쓰이면 체에 걸러서 껍질을 제거한다.

（보관 기간）

• 냉동실에서 약 6개월.

매실의 강한 풍미와 신
맛을 즐길 수 있는, 조금
은 어른 입맛에 맞는 파
트 드 프뤼Pâte de fruits다.
일본 야마가타 지역의
시골에서 으깬 매실로
만드는 과자인 노시우
메와 비슷하다.

매실 치즈케이크

매실 퓌레를 섞은 레어 치즈케이크에 매실 시럽으로 만든 젤리를 넣었다. 통밀쿠키(전립분을 섞어서 만든 것)를 바닥에 깔아서 구수한 향과 바삭한 식감을 낸 것이 포인트다.

재료 지름 12㎝ 원형 틀 1개 분량

통밀쿠키 … 40g
버터(무염) … 25g
크림치즈 … 100g
그래뉴당 … 35g
생크림(유지방 35%) … 60g
매실 퓌레(p. 68) … 100g
판젤라틴 … 3.5g
우유 … 20g

[매실 시럽 젤리]

판젤라틴 … 3g
매실 엘더플라워 시럽(p. 63) … 100g
* 매실 플레인 시럽(p. 62), 매실 카더멈 진저 시럽(p. 62), 매실 벌꿀주(p. 63)를 사용해도 좋다.

준비

* 판젤라틴 3.5g은 물에 불려놓는다.
* 크림치즈와 매실 퓌레는 실온에 둔다.

만들기

[케이크 바닥 만들기]

1. 통밀쿠키를 지퍼백에 넣고, 밀대로 밀어 잘게 부순다ⓐ.
2. 버터를 중탕이나 전자레인지로(랩을 씌우고 30초 정도 돌린다) 녹이고, 1과 함께 잘 섞는다ⓑ.
3. 틀에 2를 넣고, 숟가락 바닥으로 꾹꾹 눌러 깐 다음ⓒ 냉장실에 넣는다.

[치즈케이크 만들기]

4. 볼에 크림치즈를 넣고, 핸드믹서로 젓는다ⓓ.
5. 4에 그래뉴당을 넣고, 핸드믹서로 섞는다.
6. 5에 생크림을 넣고, 핸드믹서로 섞는다.
7. 6에 매실 퓌레를 두 번 나눠서 넣고, 핸드믹서로 섞는다.
8. 내열 그릇에 우유를 넣고 랩을 씌운 후, 전자레인지에서 20초 데운다. 불려둔 판젤라틴을 물기를 꽉 짠 다음 넣어서 녹인다. 녹지 않았다면 몇 초 더 데운다.
9. 7에 8을 넣고 핸드믹서로 잘 섞는다.
10. 9의 생지를 3의 틀에 넣고 고무주걱으로 표면을 평평하게 다듬은 후ⓔ, 냉장실에 넣어서 차갑게 굳힌다.

[매실 시럽 젤리 만들기]

11. 판젤라틴 3g을 얼음물에 불린다.
12. 작은 냄비에 시럽을 넣고 약불을 켠다. 60℃가 되면 불을 끈다. 물기를 꽉 짠 11의 판젤라틴을 넣고 녹인다.
13. 12를 볼에 넣고, 바닥에 얼음물을 받친 후 고무주걱으로 저으면서 식힌다. 10의 치즈케이크 위에 고르게 붓고ⓕ, 냉장실에 넣어서 차갑게 굳힌다.

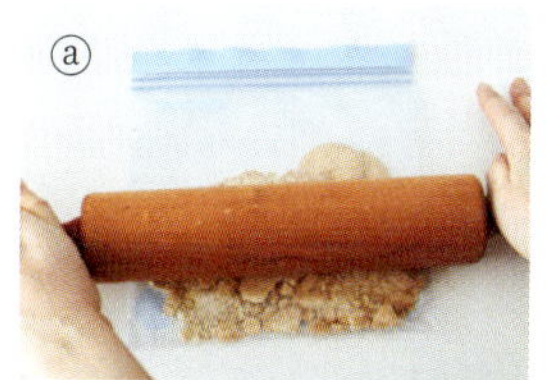

매실 구로모지차 케이크

재료 가로 7.5㎝×세로 18㎝×높이 6.5㎝ 파운드 틀 1개 분량

매실 설탕조림(p. 64) … 80g(씨를 제거한 과육)
* 매실 플레인 잼(p. 65)을 사용해도 된다.

매실 설탕조림의 시럽 … 30g
* 매실 플레인 시럽(p. 62)을 사용해도 된다.

구로모지차 잎 … 2t(가루 또는 곱게 빻은 것)
* 호지차나 홍차를 사용해도 된다.

A 박력분 … 70g
　아몬드가루 … 20g
　베이킹파우더 … 2g
버터(무염) … 100g
그래뉴당 … 70g
달걀 … 80g

준비

* 모든 재료는 실온에 둔다.
* A는 한데 모아 체에 내린다.
* 틀에 유산지를 깐다.
* 오븐을 180℃로 예열한다.

만들기

1. 매실 설탕조림은 씨를 제거하고 80g을 만든다ⓐ.

2. 볼에 버터를 넣고 나무주걱으로 저으면서 부드럽게 만든다. 그래뉴당을 세 번 나눠서 넣고, 잘 섞이도록 젓는다.

3. 2에 달걀을 조금씩 넣으면서 나무주걱으로 섞는다. A를 두 번 나눠서 넣고, 잘 섞이도록 젓는다. 찻잎을 넣고 젓는다ⓑ.

4. 3의 생지를 짤주머니에 넣고(깍지는 필요 없음), 3분의 2 정도의 양을 틀에 짜낸 다음 1의 매실 설탕조림을 올린다. 매실을 구석까지 올리면 구울 때 비어져 나와 탈 수 있으므로 가장자리는 비워둔다ⓒ.

5. 남은 생지를 4 위에 짜내고, 표면을 평평하게 정리한다.

6. 180℃로 예열한 오븐에서 40~45분간 굽는다. 표면이 타려고 하면 중간에 꺼내서 포일로 뚜껑을 만들어 덮는다.

7. 다 구워졌으면 틀에서 꺼내고, 매실 설탕조림 시럽을 전체에 바른다. 수분이 날아가지 않도록 랩으로 감싼 후 식힌다.

구로모지차는 구로모지라는 나무의 껍질과 잎으로 만든 차다. 구로모지 꽃에서는 상쾌한 향이 나는데, 이것이 몸과 마음을 안정시키는 작용을 한다. 구로모지차가 없다면 호지차나 홍차를 사용해도 된다.

매실 생강 피낭시에

생강 향이 나는 아몬드 생지에 상큼
한 매실잼을 듬뿍 발라 구웠다. 생강
이 매실의 상큼한 맛을 더욱 도드라
지게 해준다.

재료 길이 7㎝ 타원형 틀 10개 분량

매실 카더멈 잼(p. 65) … 70g
* 매실 플레인 잼(p. 65)을 사용해도 된다.

달걀흰자 … 70g

꿀 … 15g

그래뉴당 … 70g

간 생강 … 8g

A 아몬드가루 … 25g
  박력분 … 35g

버터(무염) … 70g

준비

* 모든 재료는 실온에 둔다.
* A는 한데 모아 체에 내린다.
* 틀에 버터(분량 외)를 바르고, 강력분(분량 외)을 뿌린다.
* 오븐을 200℃로 예열한다.

만들기

1. 볼에 달걀흰자를 넣고, 하얗게 될 때까지 거품기로 젓는다ⓐ. 잘 섞으면서 거품을 없앤다.

2. 1의 볼에 꿀을 넣고 거품기로 젓는다.

3. 2의 볼에 그래뉴당을 세 번 나눠서 넣고, 잘 섞이도록 거품기로 젓는다.

4. 3에 A를 넣고 거품기로 섞은 다음, 생강을 추가해 더 섞는다.

5. 작은 냄비에 버터를 넣고 중불을 켠 후 옅은 갈색이 될 때까지 가열한다ⓑ. 재빨리 냄비에 찬물을 받쳐서 잔열로 타지 않게 한다.

6. 4에 5를 넣고 거품기로 섞는다ⓒ.

7. 틀에 6의 생지를 넣고, 매실 카더멈 잼을 일정량씩 올린다ⓓ.

8. 200℃로 예열한 오븐에서 10분간 굽는다. 틀을 꺼낸 후 방향을 바꿔서 5분 더 굽는다. 굽는 시간은 총 15분이다.

그리운 맛이 나는 버터크림
케이크다. 으깬 매실 설탕조림
을 빵 사이에 발라서 매실의
진한 풍미를 느끼게 했다. 버
터크림은 달걀흰자를 섞어서
부드럽게 만들었다.

매실 버터크림 케이크

재료 가로 14.5㎝×세로 20.8㎝×높이 4.4㎝ 법랑
　　바트 1개 분량

매실 설탕조림(p. 64) … 60g(씨를 제거한 과육)
* 매실잼(p. 65, 플레인 잼이나 카더멈 잼 중 취향대로)을 사용해도 된다.

매실 설탕조림의 시럽 … 40g
* 매실 플레인 시럽(p. 62)을 사용해도 된다.

달걀 … 90g

그래뉴당 … 65g

A 박력분 … 65g
　베이킹파우더 … 1g

버터(무염) … 75g

[버터크림]

B 달걀흰자 … 40g
　그래뉴당 … 5g

C 물 … 25g
　그래뉴당 … 80g

버터(무염) … 140g

[아이싱]

D 매실 설탕조림의 시럽 … 15g
　분당 … 30g

준비

* 모든 재료는 실온에 둔다.
* A는 한데 모아 체에 내린다.
* 바트에 유산지를 깐다.
* 오븐을 180℃로 예열한다.

만들기

[버터케이크 만들기]

1. 볼에 달걀을 넣고 핸드믹서로 섞는다.

2. 1의 볼에 그래뉴당을 세 번 나눠서 넣고, 찰기가 생길 때까지 젓는다ⓐ.

3. 2에 A를 두 번 나눠서 넣고, 고무주걱으로 잘 섞는다ⓑ.

4. 내열 그릇에 버터를 넣고 랩을 씌운 후 전자레인지에서 1분 정도 녹인다. 50℃가 되면 3에 붓고 고무주걱으로 섞는다.

5. 바트에 4의 생지를 넣고ⓒ, 고무주걱으로 표면을 평평하게 정리한 뒤 180℃로 예열한 오븐에서 25~30분간 굽는다. 다 구워지면 바트에서 꺼내 식힌다.

6. 빵이 다 식으면 갈색으로 구워진 표면을 잘라내고, 반으로 자른다ⓓ.

[버터크림 만들기]

7. 볼에 B를 넣고, 핸드믹서로 섞는다.

8. 작은 냄비에 C를 넣고 섞은 후 약한 중불을 켠다. 115℃가 되면ⓔ, 7의 볼에 조금씩 부으면서 핸드믹서로 젓는다. 윤기 나는 머랭이 될 때까지 계속해서 젓는다ⓕ.

9. 8에 버터를 세 번 나눠서 넣고, 핸드믹서로 젓는다ⓖ.

[버터크림 케이크 만들기]

10. 매실 설탕조림은 씨를 제거하고 60g을 만든다.

11. 6의 버터케이크 표면에 매실 설탕조림의 시럽을 바른다ⓗ. 그 위에 9의 버터크림을 100g씩 바른다. 버터케이크 한 장에 매실 설탕조림을 올리고ⓘ, 나머지 버터케이크 한 장을 그 위에 올린다.

12. 11의 위에 매실 설탕조림의 시럽을 바르고ⓙ, 그 위에 9의 버터크림을 얇게 바른다. 냉장실에 30분 정도 넣어둔다.

[아이싱]

13. D를 볼에 넣고 고무주걱으로 섞는다ⓚ.

14. 식힘망 위에 12의 케이크를 올려놓고, 13의 아이싱을 스패출러를 사용해 표면에 얇게 바른 후 건조시킨다ⓛ.

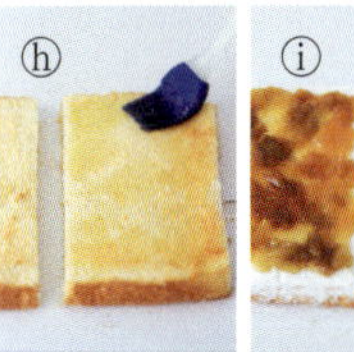

하얀 머랭과 노란 비스킷 생
지로 만든 카르디날 슈니텐은
오스트리아의 대표적인 과자
다. 슈니텐schnitten은 '자르다',
카르디날Kardinal은 로마 가톨
릭의 '추기경'을 의미한다. 이
과자의 노란색과 흰색 줄무늬
가 추기경의 옷과 닮았다고
해서 유래한 이름이다.

매실잼 카르디날 슈니텐

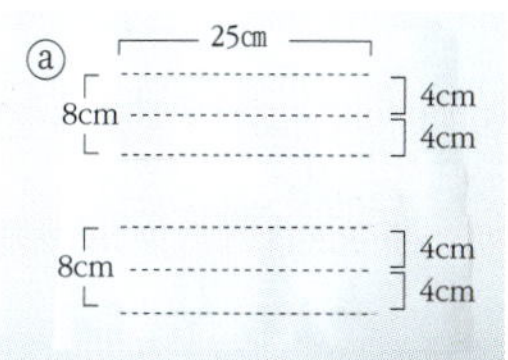

재료 약 25㎝×8㎝ 1개 분량

매실 플레인 잼(p. 65) … 100g

[머랭 생지]

A 달걀흰자 … 50g

　소금 … 한 꼬집

그래뉴당 … 40g

옥수수 녹말 … 8g

[비스킷 생지]

B 달걀노른자 … 30g

　달걀 … 45g

그래뉴당 … 20g

박력분 … 25g

C 생크림(유지방 45%) … 150g

　그래뉴당 … 20g

분당 … 적당량

준비

* 유산지에 가로 25㎝의 선을 4㎝ 간격으로 3개 긋는다. 한 쌍 더 똑같이 긋는다ⓐ. 선을 그은 유산지를 뒤집어서 틀에 깐다.
* 박력분은 체에 내린다.
* 오븐을 180℃로 예열한다.

만들기

[머랭 생지 만들기]

1. 볼에 A를 넣고 핸드믹서로 섞는다.

2. 1의 볼에 그래뉴당을 두 번 나눠서 넣고, 넣을 때마다 핸드믹서로 젓는다. 뿔이 생길 때까지 휘핑한다ⓑ.

3. 2에 옥수수 녹말을 넣고, 고무주걱으로 잘 섞는다.

4. 지름 1.2㎝ 별깍지를 낀 짤주머니에 3을 넣는다. 유산지에 미리 그려 놓은 선을 따라 짜낸다. 그 위에 한 번 더 짜내서 두 겹으로 만든다ⓒ.

[비스킷 생지 만들기]

5. 볼에 B를 넣고 핸드믹서로 섞는다.

6. 5의 볼에 그래뉴당을 넣고 찰기가 생길 때까지 핸드믹서로 섞는다.

7. 6에 박력분을 넣고 고무주걱으로 잘 섞는다.

8. 지름 1.2㎝ 별깍지를 낀 짤주머니에 7을 넣는다. 4의 머랭 생지 사이에 머랭 생지보다 조금 낮은 높이로 짜낸다ⓓ.

9. 분당을 체에 내리면서 8의 전체에 뿌린다ⓔ. 180℃로 예열한 오븐에서 20분간 굽는다ⓕ.

[마무리]

10. 9의 생지 중 한 장에만 분당을 체에 내리면서 뿌린다. 이때 비스킷 부분에는 종이를 올려서 머랭 생지에만 분당이 떨어지도록 한다ⓖ.

11. 볼에 C를 넣고, 얼음물을 받치고 뿔 모양이 살짝 생길 때까지 핸드믹서로 휘핑한다.

12. 9의 분당을 뿌리지 않은 생지를, 평평한 면이 위에 오도록 뒤집은 후 11의 크림을 바른다ⓗ.

13. 12에 매실잼을 올리고ⓘ, 10의 생지를 올린다. 냉장실에 넣어서 차갑게 식힌 후 먹기 좋은 크기로 자른다.

매실 크림은 매실 퓌레
를 두 번에 걸쳐 넣어서
그 풍미가 날아가지 않
게 만들었다. 바삭한 타
르트 생지와 쫀득한 매
실 크림, 거기에 폭신한
머랭까지 합쳐져서 세 가
지 식감을 즐길 수 있다.

매실 크림 타르트

재료 지름 7㎝×높이 1.5㎝ 무스 링 6개 분량

[타르트 생지]

A 박력분 … 80g

┃ 버터(무염) … 50g

┃ 분당 … 30g

┃ 아몬드가루 … 10g

달걀 … 20g

[매실 크림]

B 달걀 … 50g

┃ 그래뉴당 … 40g

매실 퓌레Ⓐ (p. 68) … 70g

버터(무염) … 70g

매실 퓌레Ⓑ … 20g

[이탈리안 머랭]

C 달걀흰자 … 30g

┃ 그래뉴당 … 5g

D 물 … 20g

┃ 그래뉴당 … 60g

산초가루 … 적당량

준비

* 타르트 링 안쪽에 버터(분량 외)를 바르고, 강력분(분량 외)을 뿌린다.
* A의 버터는 사방 1㎝로 자른 후 냉동실에 얼려둔다.

만들기

[타르트 생지 만들기]

1. 푸드프로세서에 A를 넣고 버터가 부드러워질 때까지 돌린다ⓐ.

2. 1에 달걀을 넣고, 생지가 하나로 뭉쳐질 때까지 반죽한다. 랩으로 감싼 후 냉장실에서 1시간 이상 휴지한다ⓑ.

3. 2의 생지를 두께 3㎜가 될 때까지 밀대로 밀고, 타르트 링으로 찍어서 바닥을 만든다ⓒ.

4. 남은 생지를 폭 1.5㎝가 조금 넘게 잘라 틀 안쪽에 붙인다. 틀 밖으로 튀어나온 생지를 자른다ⓓ. 냉장실에서 30분 휴지한다.

5. 오븐을 180℃로 예열한다. 4에 유산지 머핀컵을 깔고 타르트 스톤을 올린 후ⓔ 180℃로 예열한 오븐에서 20분간 굽는다. 타르트 스톤을 꺼낸 후 식힌다.

[매실 크림 만들기]

* 매실 크림 재료는 실온에 둔다.
* 버터는 사방 1㎝로 자른다.

6. 냄비에 B를 넣고 거품기로 젓는다ⓕ. 매실 퓌레Ⓐ를 넣고 더 젓는다.

7. 6에 중불을 켠 후 거품기로 저으면서 80℃까지 가열한다. 약간 걸쭉한 상태로 만든다.

8. 7을 불에서 내린 후 볼에 옮겨 담는다. 얼음물을 받치고 저으면서 40℃까지 식힌다.

9. 8의 볼에 버터를 넣고 거품기로 잘 섞는다.

10. 9에 매실 퓌레Ⓑ를 넣고ⓖ 거품기로 잘 섞는다.

11. 5의 타르트 한 개에 10의 크림을 35~40g씩 넣는다.

[이탈리안 머랭 만들기]

12. 볼에 C를 넣고 핸드믹서로 젓는다.

13. D를 작은 냄비에 넣고 불을 켠 후 115℃가 될 때까지 젓는다.

14. 13의 시럽을 12에 조금씩 넣으면서 핸드믹서로 젓는다. 윤기 흐르는 머랭이 될 때까지 잘 섞는다ⓗ.

[마무리]

15. 14의 머랭을 생토노레 깍지를 낀 짤주머니에 넣고, 11 위에 물결 모양으로 짜낸다ⓘ.

16. 15를 토치로 살짝 굽고ⓙ, 산초가루를 뿌린다.

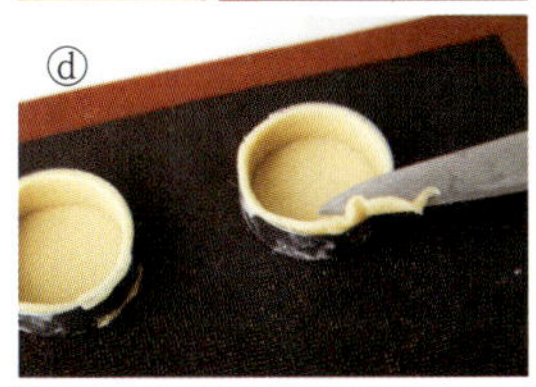

프랑스식
고품격 살구 과자

Elegant Apricot Sweets

제철이 짧은 살구를 구매했다면 우선 시럽절임과 잼, 말린 살구와 퓌레를 만들어두면 살구의 맛을 좀 더 오래 느낄 수 있다.

그러고 나서 생살구를 넣은 과자나 살구 시럽절임과 살구잼, 말린 살구를 사용한 과자를 만들어보자.

짧은 살구의 계절을 만끽할 수 있을 것이다.

살구 시럽절임
4종

살구를 그래뉴당에 절이기만 하면 되는, 가장 만들기 쉬운 살구 디저트다. 그대로 먹어도 물론 맛있지만, 다양한 과자 재료로도 활용할 수 있다. 살구의 맛과 향이 밴 시럽은 탄산수에 타 마셔도 좋고, 홍차에 넣어 마셔도 좋다. 젤라틴을 넣어 젤리를 만들 수도 있다. 여기에서는 기본적인 바닐라, 상쾌한 레몬그라스, 오렌지 향이 매력적인 쿠앵트로, 개성 있는 엘더플라워까지 4종 시럽절임을 소개하겠다.

살구 바닐라 시럽절임

재료 만들기 쉬운 분량

* 1ℓ 병을 사용했다.

살구 … 500g

A 그래뉴당 … 200g

│ 물 … 200g

바닐라빈 … 3㎝

준비

* 살구는 반으로 갈라 씨를 제거한다(p. 6).

* 병을 소독한다(p. 7).

만들기

1. 냄비에 물을 끓이고, 끓어오르면 살구를 넣는다ⓐ. 5초 정도 데친 후 체에 옮겨서 물기를 제거한다.

2. 병에 1의 살구를 조심스럽게 담는다. 살구 껍질에 상처가 나면 안 된다ⓑ.

3. 바닐라빈은 세로로 칼집을 내 씨를 긁어내고ⓒ, 병에 씨와 껍질을 같이 넣는다.

4. 냄비에 A를 넣고 중불을 켠다. 한 번 끓어오르게 해서 그래뉴당을 녹인다ⓓ.

5. 3의 병에 4를 뜨거울 때 붓고, 곧바로 뚜껑을 닫는다ⓔ. 어둡고 서늘한 곳에 둔다. 중간에 발효되면 뚜껑을 열어서 가스를 뺀다.

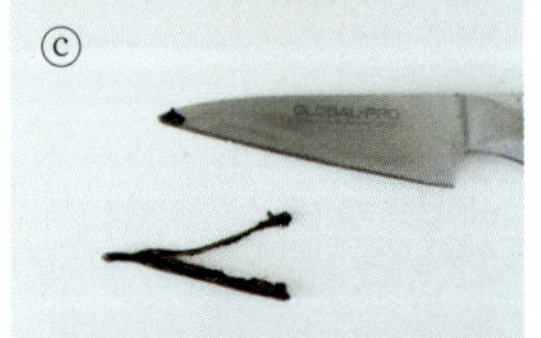

살구 허브 시럽절임

재료 만들기 쉬운 분량
* 1ℓ 병을 사용했다.

살구 … 500g
A 레몬그라스(생) … 15g
  │ 샐비어 잎(생) … 10장
  │ 민트 잎(생) … 10장
그래뉴당 … 200g
물 … 200g

만들기

1. '살구 바닐라 시럽절임(p. 84)'의 준비 단계와 만들기 1, 2까지는 동일하다.

2. 냄비에 A와 (물과 그래뉴당을) 넣고 뚜껑을 덮은 후 약불에서 약 5분간 데치면서 향을 끌어낸다ⓐ.

3. 1의 병에 2의 허브와 끓인 물을 뜨거울 때 조심히 넣고, 곧바로 뚜껑을 닫는다. 어둡고 서늘한 곳에 둔다. 중간에 발효되면 뚜껑을 열어서 가스를 뺀다.

살구 쿠앵트로 꿀절임

재료 만들기 쉬운 분량
* 1ℓ 병을 사용했다.

살구 … 500g
꿀 … 300g
쿠앵트로 … 200g

만들기

1. '살구 바닐라 시럽절임(p. 84)'의 준비 단계와 만들기 1, 2까지는 동일하다.

2. 병에 1의 살구를 넣고 꿀과 쿠앵트로를 붓는다. 곧바로 뚜껑을 닫고 어둡고 서늘한 곳에 둔다. 중간에 발효되면 뚜껑을 열고 가스를 뺀다.

살구 엘더플라워
시럽절임

재료 만들기 쉬운 분량
* 1ℓ 병을 사용했다.

살구 … 500g
엘더플라워 시럽 … 500g

만들기

1. '살구 바닐라 시럽절임(p. 84)'의 준비 단계와 만들기 1, 2까지는 동일하다.

2. 병에 1의 살구를 넣고 엘더플라워 시럽을 붓는다. 곧바로 뚜껑을 닫고 어둡고 서늘한 곳에 둔다. 중간에 발효되면 뚜껑을 열고 가스를 뺀다.

(보관 기간) (공통)

- 냉장실에서 약 6개월.
- 약 이틀 후부터 먹을 수 있다. 다만, 살구 허브 시럽절임은 약 1주일 후부터 먹을 수 있다.

살구 콩피

살구의 새콤달콤한 과즙이 진한 콩피는 그냥 먹어도 맛있고, 요거트나 아이스크림, 안미쓰에 곁들여 먹어도 맛있다.

재료 만들기 쉬운 분량

* 1ℓ 병을 사용했다.

살구 … 500g(씨를 제거한 과육)

그래뉴당 … 500g

준비

* 살구는 반으로 갈라 씨를 제거한다(p. 6).
* 병은 알코올 소독한다(p. 7).

만들기

1. 볼에 살구를 넣고, 그래뉴당으로 버무린 후 1시간 정도 절이면서 물기를 빼낸다. 너무 오래 절이면 살구가 변색될 수 있으므로 주의한다.

2. 냄비에 1을 넣고 한 번 끓인 다음 불을 끈다. 키친타월을 덮는다. 그대로 하룻밤 재운 후 병에 담는다.

(보관 기간)

· 냉장실에서 약 6개월.

반건조 살구 콩피

살구 콩피를 저온에서 2~3시간 구우면 부드러운 반건조 살구가 완성된다. 그러면 살구의 달콤한 맛도 새콤한 맛도 더욱 진해진다. 술안주로 제격이다.

재료 만들기 쉬운 분량

살구 콩피 … 원하는 분량

준비

* 오븐을 100℃로 예열한다.
* 오븐 틀에 유산지를 깐다.

만들기

1. 살구 콩피의 물기를 키친타월로 제거한다.

2. 틀에 1의 살구를 올리고, 100℃로 예열한 오븐에서 2~3시간 구운 후 건조한다. 중간에 집게나 핀셋으로 2~3회 뒤집는다ⓐ.

3. 2의 살구를 식힘망 위에 올려놓고 실내에서 며칠간, 좋아하는 상태가 될 때까지 건조한 후 보관 용기에 담는다.

(보관 기간)

· 냉장실에서 약 2주, 냉동실에서 약 1개월.

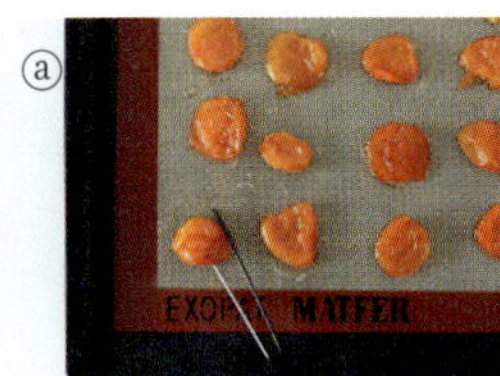

살구 바닐라 잼과
살구 타임 잼

바닐라 향을 머금은 달콤한 살구잼과 그윽한 향이 나는 타임을 넣은 살구 잼이다. 살구 껍질에는 펙틴이 함유되어 있어서 껍질째 사용했다. 레몬즙을 넣으면 신맛이 강해지고 잼도 더 진해진다. 신맛이 강한 가공용 살구를 사용할 때는 레몬즙을 넣지 않아도 된다.

재료 만들기 쉬운 분량

살구 … 500g(씨를 제거한 과육)

그래뉴당

　… 200g(살구 중량의 40%)

(취향껏) 레몬즙 … 1T

바닐라빈 … 3㎝

타임 … 3줄기

* 살구 타임 잼을 만들 경우.

준비

* 살구는 반으로 갈라 씨를 제거한다 (p. 6).

만들기

1. 볼에 살구를 넣고 그래뉴당으로 버무린 후 1시간 정도 절이면서 물기를 빼낸다ⓐ. 너무 오래 절이면 살구가 변색될 수 있으므로 주의한다.

2. 바닐라빈은 세로로 칼집을 내서 씨를 긁어낸다.

3. 냄비에 1과 2를 넣고 중불을 켠 후, 살구를 천천히 뭉개면서 거품을 걷어낸다ⓑ. 타지 않도록 조심하면서 걸쭉해질 때까지 10분간 졸인다. 불을 끄고 취향껏 레몬즙을 넣는다(살구 타임 잼은 여기에 타임을 넣는다). 열탕 소독한 병에 뜨거운 잼을 담는다.

(보관 기간)

- 잼 보관 방법은 p. 7을 참조.
- 냉장실에서 약 1개월, 냉동실에서 약 1년.

살구 타임 잼
쇼트브레드

버터 향이 나는 클래식
한 쇼트브레드에 타임
을 섞고, 사이에 살구
타임 잼을 샌드했다. 마
삭바삭 부서지는 식감
이 특징이다. 볼 하나로
쉽게 만든다는 것도 큰
장점이다.

재료 지름 5㎝ 국화 모양 틀 20개(완성품 10개)
　　　분량

버터(무염) ⋯ 100g

그래뉴당 ⋯ 50g

소금 ⋯ 1g

A 박력분 ⋯ 170g
　│ 타임(말린 것) ⋯ ½t

살구 타임 잼(p. 80) ⋯ 적당량

(있으면) 타임 잎과 꽃 ⋯ 적당량

준비

* 모든 재료는 실온에 둔다.
* A의 타임은 갈거나 빻아 가루로 만든다.
* 박력분은 체에 내린다.
* 틀에 유산지를 깐다.
* 오븐은 180℃로 예열한다.

만들기

1. 볼에 버터를 넣고 부드러워질 때까지 나무주걱으로 뭉갠
   다. 그래뉴당을 두 번 나눠서 넣고, 넣을 때마다 섞는다. 소
   금을 넣고 더 섞는다.

2. 1의 볼에 A를 세 번 나눠서 넣고, 그때마다 나무주걱으로
   잘 섞는다. 잘 섞인 생지를 반죽칼로 뭉친다.

3. 2의 생지를 랩으로 감싼 후 냉장실에서 1시간 휴지한다.

4. 3을 두께 5㎜가 되도록 밀대로 밀고, 모양 틀로 찍는다.

5. 달걀흰자(분량 외)를 3의 가운데에 조금 바르고, (있으면)
   타임 잎을 그 위에 붙인다.

6. 4를 180℃로 예열한 오븐에서 20분간 굽는다. 식으면 잼을
   샌드하고, (있으면) 타임 꽃으로 장식한다.

재료 가로 7.5㎝×세로 18㎝×높이 6.5㎝ 파운드 틀 1개 분량

살구 … 150g(씨를 제거한 과육)

달걀 … 90g

그래뉴당 … 90g

그리스식(그릭) 요거트 … 90g

A 박력분 … 100g
│ 베이킹파우더 … 2g

버터(무염) … 90g

강력분 … 1T

준비

* 모든 재료는 실온에 둔다.
* A는 한데 모아 체에 내린다.
* 틀에 유산지를 깐다.
* 오븐은 180℃로 예열한다.
* 살구는 반으로 갈라 씨를 제거하고(p. 6), 껍질을 벗긴 후 반달 모양으로 썬다. 그래뉴당에 1시간 정도 절이면서 물기를 빼낸다.

만들기

1. 볼에 달걀을 넣고 핸드믹서로 젓는다. 그래뉴당을 세 번 나눠서 넣고, 넣을 때마다 섞는다. 생지가 리본 모양으로 천천히 떨어지면 완성이다ⓐ.

2. 1의 볼에 그리스식 요거트를 넣고 핸드믹서로 섞는다.

3. 2에 A를 세 번 나눠서 넣고, 그때마다 고무주걱으로 섞는다.

4. 내열 그릇에 버터를 넣고 랩을 씌운 후 전자레인지에서 1분간 녹인다. 50℃가 되면 3에 넣고, 고무주걱으로 섞는다.

5. 키친타월 위에 살구를 올려서 물기를 제거한 다음ⓑ, 살구 3분의 2 분량에 강력분을 뿌린다ⓒ. 파운드 틀에 4의 3분의 1 분량을 넣고, 표면을 정리한 다음, 강력분을 뿌린 살구의 절반을 올린다. 4를 3분의 1 더 넣고, 표면을 정리한 다음 강력분을 뿌린 살구 절반을 더 올린다.

6. 남은 생지를 5 위에 넣고, 고무주걱으로 표면을 정리한 다음 남은 살구를 다 올린다ⓓ.

7. 180℃로 예열한 오븐에서 50분간 굽는다. 한 김 식으면 틀에서 꺼낸다.

프랑스어로 가토gâteau는 '케이크'를, 야우르트yaourt는 '요거트'를 의미한다. 볼에 재료를 넣고 섞기만 하면 되는 간단한 요거트 케이크다.

생살구 가토 오 야우르트

생살구 아몬드 케이크

큼지막하게 자른 살구를 케
이크 생지와 섞기만 하면 된
다. 먹고 싶을 때마다 바로
만들 수 있는 간편한 레시피
의 과자다. 살구와 아몬드는
매우 잘 어울려서 케이크 생
지에 아몬드가루와 아몬드
슬라이스를 마음껏 넣었다.
촉촉하게 구워진 살구에서
흘러나오는 과즙과 고소한
아몬드 케이크를 즐겨보자.

재료 지름 17㎝ 마거리트 모양 틀 1개 분량
* 지름 15㎝ 원형 틀을 사용해도 된다.

살구 … 120g(씨를 제거한 과육)
그래뉴당 … 40g
아몬드 슬라이스 … 60g
A 아몬드가루 … 60g
│ 분당 … 90g
달걀 … 90g
B 박력분 … 25g
│ 베이킹파우더 … 2g
버터(무염) … 60g
살구 브랜디 … 7g

준비

* 모든 재료는 실온에 둔다.
* A는 한데 모아 체에 내린다.
* B는 한데 모아 체에 내린다.
* 틀에 버터(분량 외)를 바르고 강력분(분량 외)을 뿌린다.
* 오븐은 180℃로 예열한다.
* 살구는 반으로 갈라 씨를 제거하고(p. 6), 껍질을 벗긴 후 사방 1㎝ 크기로 자른다. 그래뉴당에 1시간 정도 절이면서 물기를 빼낸다.

만들기

1. 180℃로 예열한 오븐에서 아몬드 슬라이스를 10분간 구운 후 식힌다. 오븐을 180℃로 다시 예열한다.

2. 볼에 A를 넣고, 달걀을 세 번 나눠서 넣는다. 그때마다 핸드믹서로 섞는다. 생지가 리본 모양으로 천천히 떨어지면 완성이다ⓐ.

3. 2의 볼에 B를 넣고 고무주걱으로 섞는다.

4. 내열 그릇에 버터를 넣고 랩을 씌운 후 전자레인지에서 30초간 녹인다. 50℃ 정도가 되면 3에 조금씩 넣으면서 고무주걱으로 섞는다.

5. 4에 살구 브랜디를 넣고 고무주걱으로 섞는다.

6. 5에 1의 아몬드 슬라이스를 넣고 고무주걱으로 섞는다.

7. 키친타월로 살구의 물기를 제거하고, 강력분 1T(분량 외)를 뿌린다ⓑ. 6에 넣고 고무주걱으로 잘 섞는다ⓒ.

8. 틀에 7의 생지를 붓고ⓓ, 180℃로 예열한 오븐에서 45분간 굽는다. 다 구워지면 틀에서 꺼내 식힌다.

살구와 건청포도
스파이스 케이크

향신료를 듬뿍 넣은, 볼 하나로 만들 수 있는 케이크다. 새콤달콤한 맛이 진한 말린 살구와 상큼한 건청포도를 섞었다. 술이 약한 사람이나 아이들 간식용으로는 브랜디 대신 살구 바닐라 시럽절임(p. 84)의 시럽을 사용하길 바란다.

재료 가로 7.5㎝×세로 18㎝×높이 6.5㎝ 파운드 틀 1개 분량

반건조 살구 콩피(p. 86) … 200g
* 시판 반건조 살구를 사용해도 된다.

건청포도 … 50g
살구 브랜디ⓐ … 30g
버터(무염) … 90g
그래뉴당 … 80g
A 달걀노른자 … 15g
│ 달걀 … 55g
B 강력분 … 35g
│ 옥수수 녹말 … 40g
│ 베이킹파우더 … 2g
│ 시나몬파우더 … 1t
│ 카더멈파우더 … ½t

[시럽]
│ 그래뉴당 … 15g
│ 물 … 20g
살구 브랜디ⓑ … 15g
살구잼(p. 87, 바닐라 잼과 타임 잼 중 취향대로) … 30g

준비

* 모든 재료는 실온에 둔다.
* 건청포도는 뜨거운 물로 깨끗이 씻은 다음 키친타월로 물기를 제거한다.
* 살구와 건청포도는 가위로 가로세로 5㎜ 크기로 자른다ⓐ. 그릇에 넣고 살구 브랜디ⓐ를 부은 후 3시간 재운다.
* 틀에 유산지를 깐다.
* 오븐은 180℃로 예열한다.

만들기

1. 볼에 버터를 넣고 부드러워질 때까지 나무주걱으로 뭉갠다. 그래뉴당을 세 번 나눠서 넣고, 넣을 때마다 젓는다.
2. 1의 볼에 미리 섞어둔 A를 조금씩 넣으면서 나무주걱으로 섞는다.
3. B를 한데 모아 체에 거른 다음 2의 볼에 조금씩 넣고, 그때마다 나무주걱으로 섞는다.
4. 3에 살구 브랜디ⓐ에 재운 살구와 건포도를 세 번 나눠서 넣고, 그때마다 나무주걱으로 섞는다.
5. 틀에 4의 생지를 붓고, 가운데 부분이 움푹 들어가도록 고무주걱으로 누른다ⓑ. 180℃로 예열한 오븐에서 50~60분 굽는다. 탈 것 같으면 포일로 뚜껑을 만들어 덮는다.
6. 시럽을 만든다. 그래뉴당과 물을 내열 그릇에 넣은 후 랩을 씌우고, 전자레인지에서 20초간 동안 녹인다. 식으면 살구 브랜디ⓑ를 넣고 섞는다.
7. 다 구워진 5를 틀에서 꺼낸 후, 붓으로 6의 시럽을 케이크 전체에 바른다.
8. 살구잼을 체에 거른 후ⓒ, 내열 그릇에 넣고 전자레인지에서 30초간 가열하면서 수분을 날린다. 7의 전체에 얇게 바른 후 건조한다.

아몬드가루를 아낌없이 넣어 만
든 진한 타르트 껍질 위에, 절인
생살구를 젤라틴으로 굳힌 살구
캐러멜을 올렸다. 쌉싸름하고 탱
글탱글한 살구와 바삭한 타르트
는 최고의 조합을 자랑한다. 식
감을 위해 단단한 살구를 사용
하는 것이 좋다.

살구 캐러멜 타르트

살구와 라벤더 쇼트케이크

라벤더와 살구도 아주 잘 어울린
다. 제누아즈◆에 드라이 라벤더
를 섞고, 신선한 살구를 듬뿍 넣
었다. 마지막에 살구 브랜디를 꼼
꼼하게 바른 것이 포인트다. 술
이 약한 사람이나 아이들 간식용
으로는 살구 바닐라 시럽절임(p.
84)의 시럽을 사용하면 된다.

◆ '제누아즈genoise'는 스펀지케이크의 일종. 이탈리아의 제노바 지역에서 만든 케이크라는 뜻으로 프랑스에서 붙인 이름이다. (옮긴이)

살구 캐러멜 타르트

재료 지름 16㎝×높이 2㎝ 타르트 링 1개와 지름 15㎝ 원형 틀
　　 1개 분량

[타르트 생지]

A 박력분 … 80g
　　 버터(무염) … 50g
　　 분당 … 30g
　　 아몬드가루 … 10g
달걀 … 20g

[아몬드 크림]

버터(무염) … 40g
그래뉴당 … 40g
아몬드가루 … 40g
달걀 … 40g
(있으면) 살구 브랜디 … 5g

[살구 캐러멜]

살구(단단한 것. 씨를 제거한 과육) … 300g
판젤라틴 … 4g
B 꿀 … 30g
　 버터(무염) … 15g
C 그래뉴당 … 70g
　 물 … 1t
생크림(유지방 35%) … 30g
살구잼(p. 87, 바닐라 잼과 타임 잼 중 취향대로) … 적당량
(있으면) 레몬버베나 … (장식용) 1잎

만들기

[타르트 생지 만들기]

준비

* A의 버터는 사방 1㎝로 자른 후 냉동실에 보관한다.
* 타르트 링 안쪽에 버터(분량 외)를 바르고, 강력분(분량 외)을 뿌린다.
* 오븐 틀에 유산지(또는 타공 매트)를 깐다.
* 만들기 1~4의 사진은 매실 크림 타르트(p. 80) ⓐ~ⓓ를 참조한다.

1. 푸드프로세서에 A를 넣고, 버터가 부드러워질 때까지 돌린다.

2. 1에 달걀을 넣고, 생지가 하나로 뭉쳐질 때까지 반죽한다. 랩으로 감싼 후 냉장실에서 1시간 이상 휴지한다.

3. 2의 생지를 두께 3㎜가 될 때까지 밀대로 밀고, 타르트 링으로 찍어서 바닥을 만든다.

4. 남은 생지를 폭 2㎝가 조금 넘게 잘라, 틀 안쪽에 붙인다. 틀 밖으로 튀어나온 생지를 자른다. 냉장실에서 30분 휴지한다.

5. 오븐을 180℃로 예열한다. 오븐 틀에 4를 올려놓고, 포일로 뚜껑을 만들어 덮는다. 예열한 오븐에서 20분 굽는다. 포일을 벗겨낸 후 식힌다.

[아몬드 크림 만들기]

준비

* 모든 재료는 실온에 둔다.

6. 볼에 버터를 넣고 부드러워질 때까지 나무주걱으로 뭉갠다. 그래뉴당을 세 번 나눠서 넣고, 넣을 때마다 잘 섞는다.

7. 6의 볼에 달걀을 조금씩 넣으면서 나무주걱으로 섞는다. 아몬드가루를 넣으면서 섞고, 살구 브랜디가 있다면 조금씩 넣으면서 잘 섞는다.

8. 7을 랩으로 감싼 뒤 냉장실에서 1시간 이상 휴지한다.

9. 오븐을 180℃로 예열한다. 5에서 구운 타르트 껍질에 8의 아몬드 크림을 넣고 평평하게 다듬은 후 예열한 오븐에서 20분 굽는다. 한 김 식으면 틀에서 꺼내 식힌다.

[살구 캐러멜 만들기]

준비

* 판젤라틴은 물에 불린다.

10. 살구는 반으로 갈라 씨를 제거하고(p. 6), 껍질을 벗긴 후 사방 2㎝ 크기로 자른다.

11. 냄비에 B를 넣고 중불을 켠다. 버터가 녹으면 10의 살구를 넣고, 3분 정도 약한 중불로 가열한다. 살구를 체에 올려 물기를 뺀다ⓐ.

12. 작은 냄비에 생크림을 넣고 사람 체온만큼 데운다. 프라이팬에 C를 넣고, 중불을 켠 다음 갈색이 될 때까지 졸인다ⓑ. 불을 끄고, 곧바로 따뜻하게 데운 생크림을 넣은 후ⓒ 섞는다. 생크림이 튀지 않게 조심한다.

13. 12에 11의 살구를 넣고ⓓ, 나무주걱으로 섞는다. 볼에 옮기고 60℃가 되면 물기를 짠 판젤라틴을 넣는다. 볼에 얼음물을 받치고 고무주걱으로 저으면서 식힌다ⓔ.

14. 원형 틀에 13을 넣고ⓕ, 냉장실에 넣은 후 1시간 정도 차갑게 굳힌다.

[마무리]

15. 차가워진 9의 타르트 표면에 살구잼을 바른다ⓖ.

16. 15에 14의 살구 캐러멜을 올리고ⓗ, (있으면) 레몬버베나로 장식한다.

살구와
라벤더 쇼트케이크

재료 지름 15㎝ 원형 틀 1개 분량

살구 … 3~4개

그래뉴당 … 적당량

[제누아즈]

드라이 라벤더 … 1t

A 박력분 … 60g

│ 베이킹파우더 … 2g

달걀 … 120g

꿀 … 10g

그래뉴당 … 60g

B 우유 … 10g

│ 버터(무염) … 10g

바닐라 오일 … 1~2방울

[휘핑크림]

C 생크림(유지방 42%) … 200g

│ 그래뉴당 … 20g

[시럽]

D 물 … 20g

│ 그래뉴당 … 10g

살구 브랜디 … 5g

(있으면) 라벤더 … (장식용) 1줄기

준비

* 모든 재료는 실온에 둔다.
* 드라이 라벤더는 갈거나 빻아 가루로 만들고, A와 함께 체에 내린다.
* 오븐 틀에 유산지를 깐다.
* 오븐을 180℃로 예열한다.
* 살구는 반으로 갈라 씨를 제거하고(p. 6), 껍질째 반달 모양으로 썬다.
  그래뉴당에 버무린 후 1시간 정도 절이면서 물기를 뺀다ⓐ.

만들기

[제누아즈 만들기]

1. 볼에 달걀을 넣고 핸드믹서로 젓는다. 꿀을 넣고 더 섞는다.

2. 핸드믹서를 고속으로 바꾸고, 그래뉴당을 세 번 나눠서 넣는다. 그때마다 잘 섞는다. 중간에 바닐라 오일을 넣는다. 생지가 리본 모양으로 천천히 떨어지면 완성이다ⓑ.

3. 핸드믹서를 저속으로 낮추고, 2분 정도 더 저으면서 생지 표면을 정리한다.

4. 3의 볼에 A와 드라이 라벤더를 세 번 나눠서 넣고, 그때마다 고무주걱으로 섞는다.

5. B를 내열 그릇에 넣고 랩을 씌운 후 전자레인지에서 20초 정도 녹인다.

6. 5에 4를 1T 정도 넣고 고무주걱으로 섞은 다음, 5를 4에 넣고 섞는다.

7. 틀에 6의 생지를 천천히 붓는다. 틀을 약 10㎝ 들어 올린 후 바닥에 한두 번 내리치고, 이쑤시개로 10번 정도 천천히 저으면서 공기를 뺀다.

8. 180℃로 예열한 오븐에서 30~35분간 굽는다. 한 김 식으면 틀에서 꺼내고, 식힘망 위에 뒤집어서 올린 후 수분이 날아가지 않게 랩을 씌운다. 반나절에서 하루 정도 어둡고 서늘한 곳에 보관한다.

9. 차가워진 제누아즈의 갈색 윗면을 잘라내고, 같은 두께가 되게 반으로 자른다.

[휘핑크림 만들기]

10. 볼에 C를 넣고, 얼음물을 받친다. 핸드믹서로 휘핑한다.

[시럽 만들기]

11. D를 내열 그릇에 넣고 랩을 씌운 후 전자레인지에서 20초 정도 데우면서 그래뉴당을 녹인다. 식으면 살구 브랜디를 넣고 잘 섞는다.

[마무리]

12. 한 장의 제누아즈 표면에 11의 시럽을 바르고, 10의 휘핑크림을 스패출러로 바른다ⓒ.

13. 키친타월로 살구의 물기를 제거하고ⓓ, 12 위에 사진처럼 올린다ⓔ. 그 위에 스패출러로 생크림을 바른다ⓕ.

14. 다른 한 장의 제누아즈 아랫면에 11의 시럽을 바르고, 13 위에 올린다. 윗면에도 시럽을 바른다.

15. 스패출러로 휘핑크림을 전체에 바른다ⓖ.

16. 지름 1㎝ 둥근깍지를 낀 짤주머니에 휘핑크림을 넣고, 윗면에 크고 작게 무작위로 짜낸다ⓗ. 남은 살구를 윗면에 아무렇게나 올리고, (있으면) 라벤더로 장식한다.

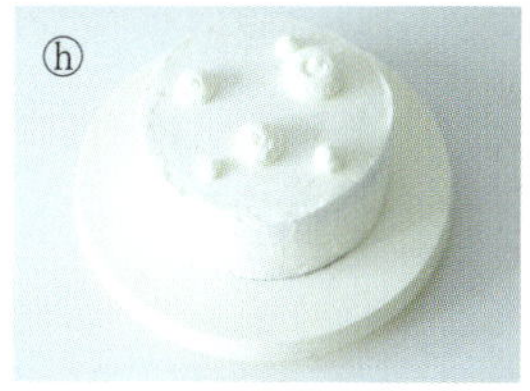

살구와 라임 무스

유명 제과점 진열장에 있을 법한 과
자를 집에서 직접 만들어보자. 살구
젤리와 살구 무스, 라임 젤리를 차곡
차곡 쌓은 화려한 무스케이크다. 살
구의 새콤달콤함과 라임의 상쾌함이
입안 가득 퍼질 것이다.

살구와 라임 무스

재료 가로 7㎝×세로 18㎝×높이 5㎝의 바닥이 없는 직사
　　　각형 틀 1개 분량

[라임 젤리]

라임 껍질 … ½개 분량

A 라임즙 … 30g

　│ 물 … 70g

　│ 그래뉴당 … 30g

판젤라틴 … 3g

[살구 무스]

판젤라틴 … 4g

B 그래뉴당 … 10g

　│ 물 … 20g

비스킷(시판용) … 150g

C 살구 퓌레(p. 103) … 150g

　│ 그래뉴당 … 40g

살구 브랜디 … 5g

생크림(유지방 35%) … 60g

[살구 젤리]

D 살구 퓌레(p. 103) … 40g

　│ 물 … 40g

　│ 그래뉴당 … 10g

판젤라틴 … 2g

(있으면 취향껏) 에디블 플라워 … 2줄기

* 여기에서는 회향을 사용했다.

만들기

[라임 젤리 만들기]

준비

* 판젤라틴은 물에 불린다.
* 틀 아래에 랩을 씌워서 바닥을 만들고ⓐ, 바트 위에 놓는다.

1. 제스터나 그레이터 등의 강판으로 라임 껍질을 갈
   아낸다ⓑ.

2. 작은 냄비에 A를 넣고 불을 켠 다음 60℃까지 데운
   다. 물기를 짠 판젤라틴을 넣고 잘 저으면서 녹인다.

3. 볼에 2를 넣고, 얼음물을 받친 후 고무주걱으로 저
   으면서 차갑게 식힌다. 찰기가 조금 생기면 1의 라임
   껍질을 넣고 잘 섞은 다음ⓒ, 틀에 붓는다. 냉장실
   에서 차갑게 굳힌다.

* 찰기가 없을 때 라임 껍질을 넣으면, 껍질이 변색되거나 무를 수
  있다.

4. 3의 젤리가 굳으면 틀에서 꺼낸다.

[살구 무스 만들기]

준비

* 판젤라틴은 물에 불린다.
* 틀 아래에 랩을 씌워서 바닥을 만들고, 바트 위에 놓는다.
* 생크림을 80% 휘핑한다.

5. 내열 그릇에 B를 넣은 후 잘 섞고, 전자레인지에서
   20초 데우면서 그래뉴당을 녹인다. 열이 식으면 살
   구 브랜디를 넣고 잘 섞는다.

6. 비스킷은 윗면을 잘라내서 얇게 만들고, 길이 6㎝
   로 자른다ⓓ.

7. 완성했을 때 옆면이 잘 보이도록, 틀의 양 끝에 여유
   를 두고 6을 넣는다. 붓으로 5를 바른다ⓔ.

8. 작은 냄비에 C를 넣고, 불을 켠 후 60℃까지 데운
   다. 물기를 짠 판젤라틴을 넣고 잘 저으면서 녹인다.

9. 8을 볼에 옮긴 후, 얼음물을 받치고 고무주걱으로
   저으면서 20℃까지 식힌다.

10. 생크림을 80% 휘핑하고ⓕ, 9의 볼에 넣고 거품기로
    잘 젓는다.

11. 7의 틀에 10의 살구 무스를 절반 정도 붓는다. 그 위
    에 4의 라임 젤리를 올린다.

12. 11에 남은 살구 무스를 넣고ⓖ, 표면을 평평하게 정
    리한 다음 냉장실에서 차갑게 굳힌다.

[살구 젤리 만들기]

준비

* 판젤라틴은 물에 불린다.

13. 작은 냄비에 D를 넣고 불을 켠 다음 60℃까지 데운
    다. 물기를 짠 판젤라틴을 넣고 잘 섞으면서 녹인다.

14. 볼에 13을 넣고, 얼음물을 받치고 고무주걱으로 저
    으면서 식힌다.

15. 14를 12의 무스 위에 붓고ⓗ, 냉장실에서 차갑게 굳
    힌다.

(보관 기간)

• 보관용기에 넣어 냉동실에서 약 1주일.
• 먹기 직전에 냉장실에서 해동한다.

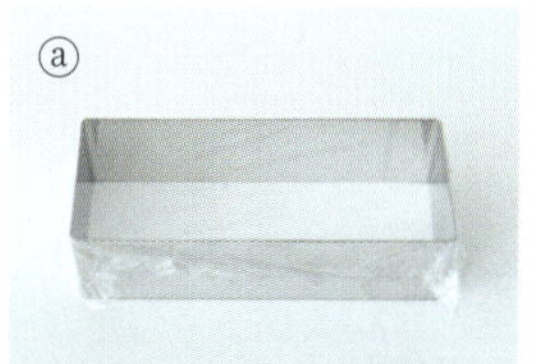

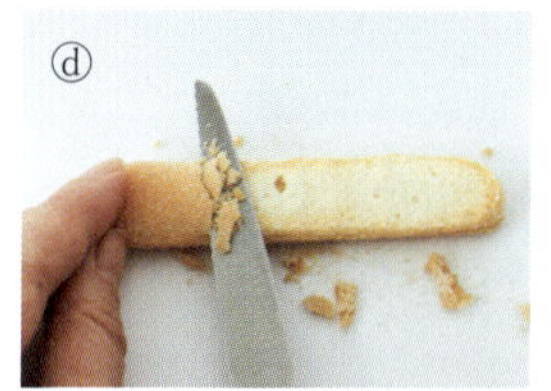

살구 퓌레는 다양한
과자 재료로 활용할
수 있다. 100~200g씩
소분해 얼려두자.

살구 퓌레

재료 만들기 쉬운 분량

살구 … 500g(씨를 제거한 과육)
그래뉴당 … 100g(살구 중량의 20%)

준비

* 살구는 반으로 갈라 씨를 제거한다(p. 6)

만들기

1. 볼에 살구를 넣고 그래뉴당으로 버무린 후
   1시간 정도 절이면서 물기를 빼낸다. 너무
   오래 절이면 살구가 변색될 수 있으니 주의
   한다.

2. 냄비에 1을 넣고 중불을 켠다. 거품을 걷어
   낸다. 살구가 부드러워지면 불을 끄고, 열이
   식을 때까지 기다린 후 볼에 옮긴다.

3. 2의 살구를 핸드블렌더로 곱게 간다ⓐ. 껍
   질이 신경 쓰이면 체에 거른다.

(보관 기간)

• 냉동실에서 약 6개월.

살구 사바용

이탈리아에서 기원한 달걀
노른자와 술로 만든 크림인
사바용-sabayon. 이름을 들어
본 적은 있지만 직접 먹어
본 적은 없는 사람이 많을
것이다. 여기에서는 화이트
와인으로 풍미를 낸 진한
크림에, 살구 콩포트를 넣었
다. 재료도 간단해서 10분
만에 만들 수 있다. 시간이
지나면 사바용 크림이 분리
되기 때문에 만들어서 바로
먹어야 한다.

재료 2인분

살구 바닐라 시럽절임(p. 84)
　　… 적당량
* 살구 허브 시럽절임(p. 85), 살구 쿠앵
트로 꿀절임(p. 85), 살구 엘더플라워
시럽절임(p. 85)으로 만들어도 좋다.

A 달걀노른자 … 80g
　그래뉴당 … 50g
화이트와인 … 50g
(있으면) 갈아낸 레몬 껍질
　　… 적당량

만들기

1. 볼에 A를 넣고 거품기로 잘 섞는다.

2. 1에 화이트와인을 넣고 거품기로 잘 섞는다.

3. 2를 중탕해 60℃가 될 때까지 거품기로 젓
   는다ⓐ. 65℃가 넘어가면 달걀노른자가 굳
   으니 주의한다.

4. 3을 끓는 물에서 꺼내고, 찰기가 생길 때까
   지 핸드믹서로 젓는다ⓑ.

5. 그릇에 4의 사바용 크림을 담고, 살구 바닐
   라 시럽절임을 올린 뒤, (있으면) 레몬 제스트
   를 뿌린다.

살구 밀크 젤라토

아이스크림 메이커가 없어
도 만들 수 있는 부드러운
젤라토다. 순한 맛의 밀크아
이스크림과 신맛이 강한 살
구는 매우 잘 어울린다. 생크
림은 유지방이 높은 것을 추
천하지만, 깔끔한 맛을 좋아
한다면 유지방 35%를 사용
해도 된다.

재료 50㎖ 디저트 컵 약 10개 분량

살구 바닐라 시럽절임(p. 84)
… 150g
A 생크림(유지방 45%) … 100g
│ 그래뉴당 … 40g
우유 … 200g

준비

* 살구 바닐라 시럽절임은 키친타월로
  물기를 제거한다.

만들기

1. 볼에 A를 넣고 찰기가 생길 때까지 거품
   기로 젓는다.

2. 1에 우유를 넣고 거품기로 섞는다.

3. 그릇에 2를 넣고, 냉동실에서 차갑게 굳
   힌다. 2~3시간마다 숟가락이나 포크로
   저으면서 공기를 넣는다. 이것을 3회 반
   복한다.

4. 3에 살구 바닐라 시럽절임을 넣고, 잘 섞
   는다ⓐ.

기본 재료와 조금 특별한 재료

이 파트에서는 박력분과 전립분 그리고 쌀가루를 사용했다. 박력분과 전립분은 마트에서 손쉽게 구할 수 있는 것을 사용해도 되지만, 쌀가루는 가능하면 여기에 소개한 브랜드를 사용하길 바란다. 감미료는 첨채당과 메이플시럽을 메인으로 사용했다.

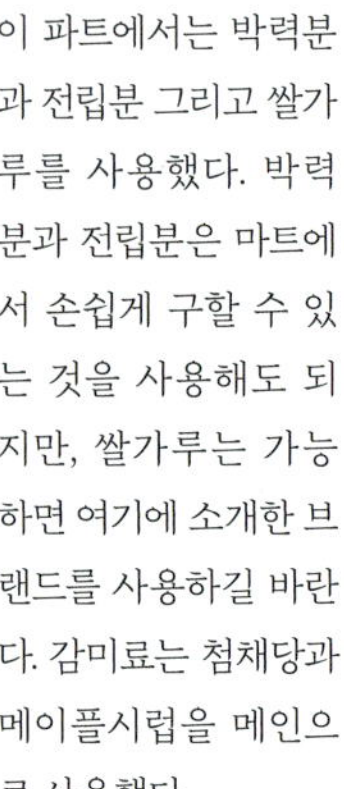

파리누(박력분)

에베쓰 제분의 100% 홋카이도산 과자용 박력분이다. 폭신하고 가볍게 완성되는 것이 특징이다.

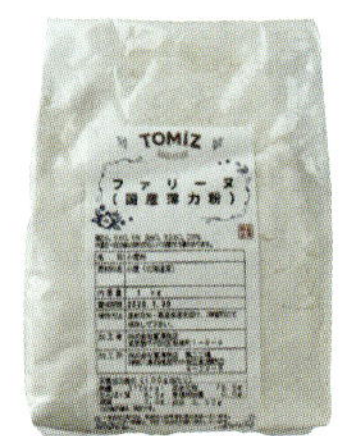

과자용 전립분(박력분)

박력밀을 통째로 간 전립분이다. 밀가루의 구수함과 약간의 산미 그리고 감칠맛이 있다.

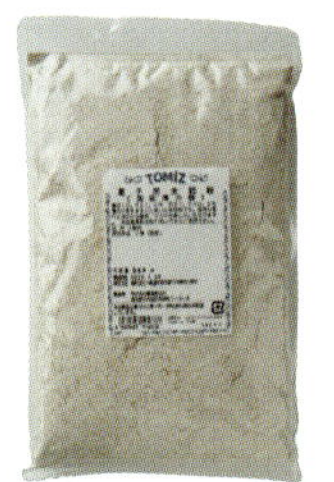

제과용 쌀가루

니가타현 멥쌀을 분말로 만든 것이라 밀가루처럼 양과자를 만들 때 사용하기 좋다. 스펀지케이크 등을 만들 때 기포가 생기지 않도록 잘게 제분된 것이 특징이다.

식물성 오일(현미유)

이 파트에서는 식물성 오일을 많이 사용했는데, 기토쿠 신료의 현미유인 '고메시보리'를 사용했다. 일본산 쌀겨를 원료로 한 기름으로, 향이 강하지 않고 가볍게 완성된다.

베이킹파우더

팽창제는 럼포드 베이킹파우더를 사용했다. 알루미늄(명반) 무첨가가 특징이다.

첨채당(비트당)

홋카이도산 사탕무(첨채, 비트)를 원료로 한 감미료다. 향이 없어 맛이 깔끔하고 분말 형태라 잘 녹아서 애용하고 있다. 과자나 빵을 만들 때뿐만 아니라, 여러 요리에도 사용할 수 있다. 섭취 후 혈당이 많이 올라가지 않아서 건강한 감미료로 주목받고 있다.

아가베시럽

'행인두부(p. 55)'에서는 바이오 액티브 재팬의 '오가닉 아가베시럽'을 사용했다. 아가베시럽은 블루 아가베(용설란)에서 채취한 에센스로, 천연 무첨가 감미료다. 섭취 후 혈당 상승이 낮아 건강한 감미료로 주목받고 있다. 깔끔한 단맛이 좋아서 자주 사용하고 있다.

메이플시럽

캐나다 디캐서 브랜드의 '메이플시럽'이다. 무첨가물 순도 100%다. 등급은 A. 대중적으로 인기 있는 앰버 컬러 리치 테이스트 등급이다. 풍미와 감칠맛이 좋아 이용하고 있다.

아마자케

'매실과 아마자케 젤리(p. 24)'와 '매실과 아마자케 아이스크림(p. 27)'에서 사용했다. 아마자케에 따라 맛도 달라지기 때문에 좋아하는 것을 선택하면 된다. 나는 감칠맛과 순한 단맛을 좋아해서 마루쿠라 순정식품의 '현미 누룩 아마자케'를 사용했다.

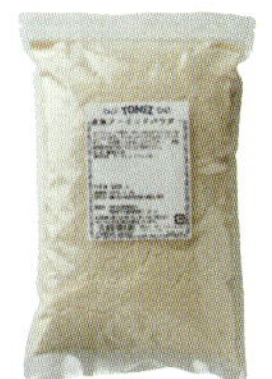

껍질 없는 아몬드가루

아몬드파우더라고도 부른다. 감칠맛을 내고 수분감이 있어 과자를 구울 때 자주 사용한다. 이 파트에서 과자를 만드는 데 중요한 역할을 했다.

바닐라빈

난초과의 식물 중 하나로 콩깍지 상태의 과실이다. 콩깍지에서 씨를 긁어내 향을 낼 때 사용한다. 대체품으로서 성분을 유출하고 용제를 녹여 향을 낸 바닐라오일이나 바닐라에센스 등이 있다.

기본 재료와 조금 특별한 재료

이 파트에서는 박력분 2종과 강력분, 총 3종류의 밀가루를 사용했다. 굳이 똑같은 브랜드 제품을 사용할 필요는 없지만, 과자의 풍미나 식감 등을 고려해 참고하길 바란다.

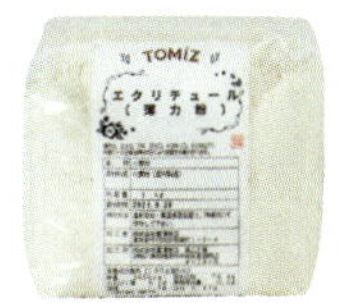

에크리튀르(박력분)

프랑스 과자 맛을 잘 표현하기 위해 프랑스산 밀가루를 100% 사용해 만든, 중력분에 가까운 박력분이다. 입자가 거칠고 수분이 없어서 반죽하기 어려운 것이 특징이다. 굽고 나면 바삭바삭 부서지는 식감으로, 굽는 과자에 딱 어울린다. 이 파트에서 '매실 크림 타르트(p. 80)', '살구 타임 잼 쇼트브레드(p. 88)', '살구 캐러멜 타르트(p. 94)'를 만들 때 사용했지만, 다른 박력분을 사용해도 된다.

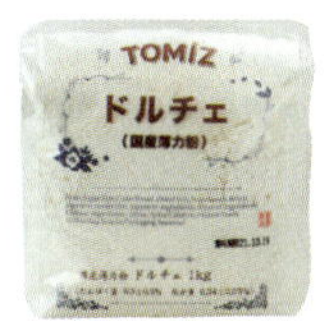

돌체(일본산 박력분)

홋카이도산 밀가루 100%의 과자용 박력분이다. 푹신하게 완성되지만, 박력분치고는 단백질이 많아서 식감이 가볍고 촉촉한 것이 특징이다. 밀가루 향과 풍미가 강한 것도 매력이다. 이 파트에서는 에크리튀르와 이 박력분을 사용했다.

아몬드가루

아몬드파우더라고도 부른다. 아몬드를 분말 상태로 만든 것이다. 수분감을 주고 싶을 때, 감칠맛을 내고 싶을 때, 향을 조금 내고 싶을 때 사용하면 좋다. '매실 구로모지차 케이크(p. 72)', '매실 생강 피낭시에(p. 74)', '생살구 가토 오 야우르트(p. 89)', '생살구 아몬드 케이크(p. 90)'를 만들 때 사용했다.

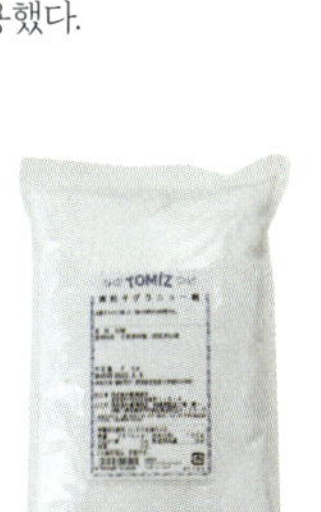

미립자 그래뉴당

이 파트에서는 단맛이 깔끔한 미립자 그래뉴당을 대부분 사용했다. 물론 일반 그래뉴당이나 상백당도 상관없지만, 미립자 그래뉴당을 사용하면 단맛이 진해지고, 과자를 구웠을 때 색도 조금 진해진다.

비스킷

'살구와 라임 무스(p. 100)'를 만들 때 사용한 핑거 비스킷이다. 다른 비스킷을 사용해도 되지만, 이 파트에서는 프랑스 비스킷 회사인 밤비니의 '피에르 비스퀴트리'를 사용했다. 수입식품점이나 온라인 숍에서 구매할 수 있다.

살구 브랜디

제과용 양주 회사인 도버의 살구 브랜디다. 프랑스산 살구주를 베이스로 한 달콤한 브랜디다. '생살구 아몬드 케이크(p. 90)', '살구와 건청포도 스파이스 케이크(p. 92)', '살구와 라벤더 쇼트케이크(p. 95)', '살구와 라임 무스(p. 100)'를 만들 때 사용했다.

쿠앵트로

'살구 쿠앵트로 꿀절임(p. 85)', '매실 벌꿀주(p. 63)'를 만들 때는 레미 쿠앵트로 재팬의 쿠앵트로를 사용했다. 프랑스산 프리미엄 오렌지 리큐어다. 오렌지필, 알코올, 물, 설탕 외에 다른 향료나 착색료 등은 일절 넣지 않았다.

엘더플라워 시럽

엘더플라워 효소로 만든 시럽으로, 일반적으로는 탄산수나 화이트와인에 타 마신다. 유럽에서는 꽃가루 알레르기를 진정시켜주는 허브 시럽으로 유명하다. 이 파트에서는 '매실 치즈케이크(p. 70)'에서 매실 시럽 젤리를 만들 때 사용했다. 수입식품점이나 온라인숍에서 구매할 수 있다.

에디블 플라워

에디블 플라워는 식용 꽃이다. '매실 향 에디블 플라워 젤리(p. 66)'를 만들 때 사용했다. '매실 그라니테(p. 67)', '살구와 라임 무스(p. 100)' 등에도 조금씩 사용했다. 식용 꽃 자체에는 특별한 맛이 없어서 그때그때 쉽게 구할 수 있는 꽃을 사용하면 된다. 이 파트에서 사용한 에디블 플라워는 무농약 허브를 재배하는 가나가와 허브너셀리의 것이다.

이 책에서 사용한 기본 도구

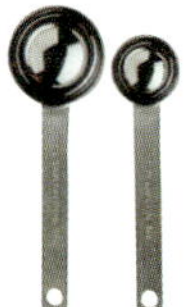

계량스푼

1T 15㎖, 1t 5㎖짜리 두 개만 있으면 충분하다.

볼

과자를 만들 때, 가루를 섞는 작업과 액체를 섞는 작업이 나오므로 두 개 있으면 편리하다.

전자저울

분량을 보다 정확하게 재기 위해 가능하면 전자저울을 준비하자.

푸드프로세서

'매실 크림 타르트(p. 80)', '살구 캐러멜 타르트(p. 94)'의 생지를 섞을 때 사용했다. 손으로 섞는 것보다 빠르고 정확하게 섞을 수 있어서 추천한다. 과자 만들기가 훨씬 즐겁고 쉬워진다.

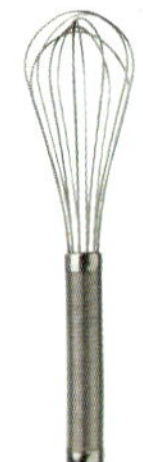

거품기

〈건강한 매실과 살구 디저트〉 파트에서는 가루를 섞을 때, 또는 가루와 액체를 섞을 때 사용했다. 〈고품격 매실과 살구 과자〉 파트에서는 주로 생크림을 휘핑할 때 사용했다.

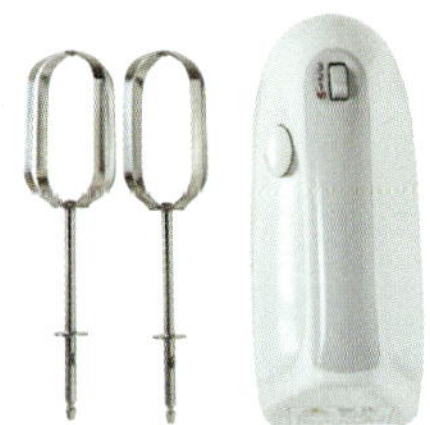

핸드믹서

〈고품격 매실과 살구 과자〉에서 달걀이나 생크림을 휘핑할 때 사용했다. 손으로도 휘핑할 수 있지만, 핸드믹서가 있으면 편리해서 과자 만들기가 그만큼 쉬워진다. 〈건강한 매실과 살구 디저트〉 파트에서는 사용하지 않았다.

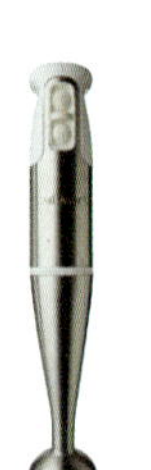

핸드블렌더

크림과 퓌레를 만들 때, 재료를 휘저어 페이스트 상태로 만들 때 사용했다. 믹서를 써도 괜찮다.

나무주걱

〈고품격 매실과 살구 과자〉 파트에서 단단한 버터를 부드럽게 만들 때 사용했다.

고무주걱

재료를 섞거나 퍼 올릴 때는 단단한 고무주걱을 사용한다. 소량의 재료로 작업할 때는 크기가 작은 고무주걱이 편리하다.

스패출러

크림을 바르는 도구다. 〈고품격 매실과 살구 과자〉에서는 과자의 크기나 바르는 분량에 따라 3가지로 나눠서 사용하지만, 만약 하나만 사려고 한다면 30㎝의 중간 사이즈를 추천한다.

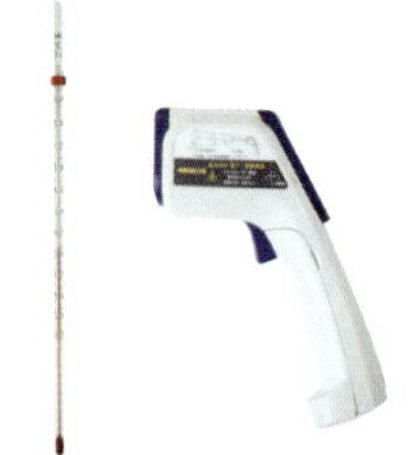

온도계

왼쪽) 200℃까지 측정할 수 있는 유리 재질의 요리용 온도계다. 오른쪽) 적외선 방사 온도계다. -30~550℃까지 측정할 수 있다. 빠르고 정확하게 잴 수 있어서 〈고품격 매실과 살구 과자〉를 만들 때 유용하게 쓰였다.

유산지

오븐 판에 깔기도 하고, 틀에서 과자를 쉽게 꺼내기 위해 사용한다. 특히 틀에 유산지를 깔면 생지 표면이 매끄럽게 완성된다.

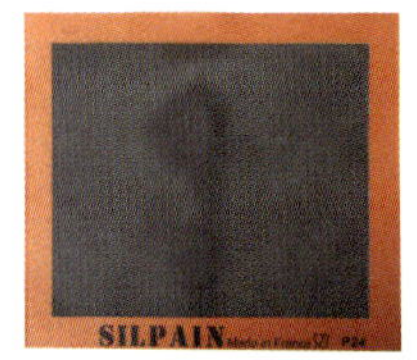

실팡 타공 매트

프랑스 실팡 브랜드의 빨아 쓰는 유산지인 '실팡 타공 매트'. 그물 형태라 열이 잘 통하고, 생지를 구웠을 때 예쁘게 완성된다.

모양깍지

1) 지름 1㎝ 별깍지는 '살구잼 쿠키(p. 36)'에 사용했다.

2) 지름 1.2㎝ 모양깍지는 '매실잼 카르디날 슈니텐(p. 78)'에 사용했다.

3) 생토노레깍지는 '매실 크림 타르트(p. 80)'에 사용했다.

이 책에서 사용한 틀

파운드 틀

가로 7㎝×세로 15㎝×높이 6㎝ 파운드 틀은 '매실 찜케이크(p. 18)', '살구와 바나나 파운드케이크(p. 38)'에서 사용했다. 가로 7.5㎝×세로 18㎝×높이 6.5㎝ 파운드 틀은 '매실 구로모지차 케이크(p. 72)', '생살구 가토 오 야우르트(p. 89)', '살구와 건청포도 스파이스 케이크(p. 92)'에서 사용했다. 가로 6㎝×세로 24㎝×높이 4.5㎝ 슬림 파운드 틀은 '매실과 허브 백양갱(p. 23)'에서 사용했다.

타르트 틀

지름 18㎝ 타르트 틀을 '매실과 우롱차 크럼블 타르트(p. 20)', '살구와 코코아 타르트(p. 52)'에서 사용했다.

바트

가로 16㎝×세로 20㎝×높이 2㎝ 바트를 '살구잼 규히마키(p. 40)'에서 사용했다. 가로 14.5㎝×세로 20.8㎝×높이 4.4㎝ 바트를 '매실향 에디블 플라워 젤리(p. 66)', '매실 버터크림 케이크(p. 76)'에서 사용했다.

원형 틀

지름 18㎝ 원형 틀을 '생살구 크럼블 케이크(p. 43)'에서 사용했다. 지름 15㎝ 원형 틀을 '살구 레어 치즈케이크(p. 50)' '살구 캐러멜 타르트(p. 94)', '살구와 라벤더 쇼트케이크(p. 95)'에서 사용했다. 지름 12㎝ 원형 틀을 '매실 치즈케이크(p. 70)'에서 사용했다.

마거리트 모양 틀

지름 17㎝ 마거리트 모양 틀을 '생살구 아몬드 케이크(p. 90)'에서 사용했다.

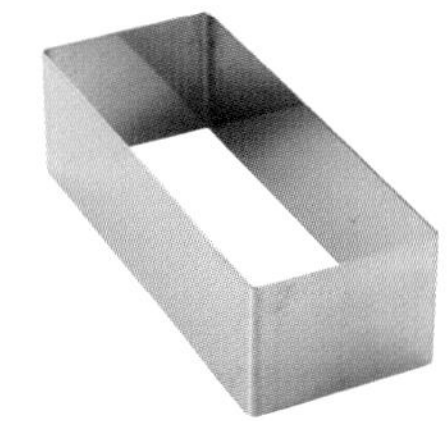

바닥이 없는 직사각형 틀

가로 7㎝×세로 18㎝×높이 5㎝ 직사각형 틀을 '살구와 라임 무스(p. 100)'에서 사용했다.

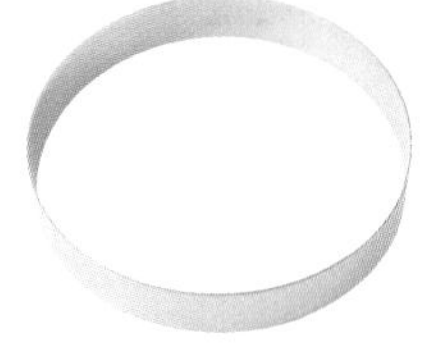

타르트 링

지름 16㎝×높이 2㎝ 타르트 링을 '살구 캐러멜 타르트(p. 94)'에서 사용했다.

사각형 틀

가로세로 18㎝ 정사각형 틀을 '매실 파트 드 프뤼(p. 68)'에서 사용했다.

무스 링

지름 7㎝×높이 1.5㎝ 무스 링을 '매실 크림 타르트(p. 80)'에서 사용했다.

국화 모양 틀

지름 5㎝ 국화 모양 틀을 '살구 라임 잼 쇼트브레드(p. 88)'에서 사용했다.

건강한 매실과 살구 디저트

제철이 짧은 매실과 살구. 매실은 여름의 시작을 알리는 대표적인 과일이다. 가만히 매실 꼭지를 따고 있으면 계절의 흐름을 느낄 수 있다.

매년 과일가게에 매실이 나올 무렵이면 나는 들뜬 마음으로 매실을 사러 간다. 매실을 사다 놓은 주방에서는 매일 아침 향긋한 매실 향이 난다. 하루이틀 지나 점점 노란색으로 변해가는 매실을 보면, 내 마음도 점점 분주해지기 시작한다. 이번엔 어떤 매실 요리를 해볼까 하고.

나는 매실장아찌는 별로 좋아하지 않아서 몇 년에 한 번 만들지만, 허브를 잔뜩 넣은 매실 주스나 매실 시럽은 매우 좋아한다. 특히 여름에 탄산수에 넣어 마시면, 이보다 더 좋은 음료는 없을 정도다. 허브나 스파이스를 좋아하는 사람이라면 레시피에 소개한 것보다 더 많은 양을 첨가해도 좋겠다.

매실 탄산수를 마실 때마다 시럽에 절인 매실을 집어 먹는 것도 또 하나의 재미다. 절인 매실로는 흔히 잼만 만들지만, 퓌레로 만들면 쿠키나 타르트 재료로도 활용할 수 있다. 절인 매실을 잘게 다져서 케이크에 넣어도 좋다.

매실보다 제철이 더 짧은 살구. 내가 즐겨 만드는 크럼블 케이크는 중학생이었을 때 살구로 만든 것이 처음이었다. 당시에는 통조림 살구로 만들었다. 시간이 흘러 어른이 되고 과일가게에서 살구를 본 순간, 문득 '생살구로 크럼블 케이크를 만들고 싶다!'는 생각이 들었다. 통조림으로 만든 것과는 맛이 달랐지만, 크럼블 사이로 보이는 귀여운 살구 모습은 그대로였다. 생살구는 신맛이 나고 크럼블과도 잘 어울려서 깔끔한 맛의 케이크로 완성됐다.

매실과 살구가 제철을 맞는 시기는 불쾌지수가 높아지는 시기이기도 하다. 그때 매실과 살구를 먹으면 우리의 몸과 마음은 조금이나마 치유된다. 향을 음미하고, 즐겁게 손질하고, 절여지는 모습을 즐기면서, 짧은 시기에만 맛볼 수 있는 행복과 감사함을 느껴보길 바란다.

이마이 요우코

고품격 매실과 살구 과자

살구는 제철이 매우 짧아서 아차 하는 순간 시기를 놓치기 십상이지만, 최근에는 살구의 인기가 높아진 만큼 과일가게뿐만 아니라 일반 마트에서도 살구를 볼 수 있게 되었다. 살구잼이나 말린 살구는 프랑스 과자에 꼭 필요한 존재다.

수많은 잼 중에서 내가 가장 좋아하는 것이 바로 살구잼이다. 앉은 자리에서 한 병을 다 먹은 적도 있다. 나중에 자기반성을 했지만(웃음). 이 책을 위해 내가 이토록 좋아하는 살구로 과자 레시피를 고안해내느라 많은 연구를 했다. 그러나 생살구를 사용한 과자 레시피는 생각처럼 쉽게 떠오르지 않았다.

생살구는 정말 예민해서 열을 많이 가하면 금방 물러버린다. 그래서 생살구의 신선함을 살리려면 손을 많이 대지 않고 심플하게 완성하는 것이 가장 좋다는 결론에 도달했다. 그렇게 탄생한 것이 생살구를 듬뿍 넣은 '생살구 가토 오 야우르트(p. 89)', '생살구 아몬드 케이크(p. 90)', '살구와 라벤더 쇼트케이크(p. 95)'다.

살구의 단맛이 가장 많이 담긴, 말린 살구를 아낌없이 넣은 것은 '살구와 건청포도 스파이스 케이크(p. 92)'다. 꼭 한번 만들어보길 권하고, 여러분의 감상을 듣고 싶다.

매실로 매실주나 매실 시럽은 많이 만들어봤지만, 프랑스 과자를 만들어본 적은 없었다. 그러나 매실이 가진 새콤한 맛은 과자와 잘 어울리고, 달걀과 버터와도 잘 어울렸다. '매실 치즈케이크(p. 70)'와 '매실 버터크림 케이크(p. 76)'는 내가 특히 좋아하는 메뉴다.

이 책을 통해서 매실과 살구의 맛을 재발견할 수 있어서 매우 기쁘다.

후지사와 가에데

[마지막 레시피]

매실 플레인 시럽(p. 62), 매실 카더멈 진저 시럽(p. 62), 매실 엘더플라워 시럽(p. 63), 매실 설탕조림(p. 64)에 나온 매실과 시럽을 사용해 간단한 디저트를 만들었다.

매실 프루트펀치

취향대로 매실과 시럽을 샤인머스캣이나 사과와 섞고 탄산수를 따른다.

매실 파르페

취향에 맞는 매실 시럽으로 젤리를 만든다. 젤리는 그릇에 담고, 좋아하는 매실잼(p. 65), 그리스식 요거트, 젤리 순으로 넣은 다음 매실을 올린다. (있으면) 식용 라벤더로 장식한다.

촬영	무라구치 교이치로(〈건강한 매실과 살구 디저트〉)
	나카가키 미사(표지, pp. 2~3, pp. 6~8, pp. 10~13 일부, p. 31 일부, p. 32 일부, pp. 42~47 일부, 〈고품격 매실과 살구 과자〉)
스타일링	마가타 유코
디자인	다카하시 아카리(마루산카쿠)
교정	아쿠쓰 준코
조리 어시스턴트	호소이 아이코, 이케다 가오리, 후루쇼 가오리, 가스야 유코
편집	시바 아사코(오피스 Cddle)

UME TO ANZU NO OKASHI ZUKURI

Copyright © Yoko Imai, Kaede Fujisawa 2023

Korean translation rights arranged with Seibundo Shinkosha Publishing Co., Ltd.

through Japan UNI Agency, Inc., Tokyo and BC Agency, Seoul

이 책의 한국어판 저작권은 BC에이전시를 통해 저작권자와 독점계약을 맺은 지금이책에 있습니다. 저작권법에 의해 한국 내에서 보호를 받는 저작물이므로 무단전재와 복제를 금합니다.

옮긴이 권혜미

대학에서 건축공학을 전공했다. 직장생활을 하던 중 일본어와 책에 매력을 느끼고 번역가의 길로 들어서게 됐다. 현재는 여러 분야의 도서를 기획, 번역하고 있으며 저자와 독자 사이를 잇는 뿌리 깊은 조력자가 되기 위해 노력하고 있다. 현재 소통인(人)공감 에이전시에서도 활동 중이다. 옮긴 책으로는 『밤 디저트 레시피』 『무화과 디저트 레시피』 『복숭아 디저트 레시피』 『크림 디저트 레시피』 『인생을 지배하는 습관의 힘』 『오늘 알았던 걸 그때 알았더라면』 『오늘 하루 잠시 쉬어가도 괜찮아』 『유대인식 Why? 사고법』 『생각의 스위치』 『더 라스트 맨』 『장이 바뀌면 인생이 바뀐다』 『돈의 경영』 『잠시 쉬어가도 괜찮아』 『일해 줘서 고마워요』 『혼자만의 시간이 필요한 이유』 『부자가 보낸 편지』 등이 있다.

시즈널 베이킹 시리즈 4

잼과 콩포트에서 쿠키, 타르트, 피낭시에, 치즈케이크, 젤라토까지

매실과 살구 디저트 레시피

초판 1쇄 인쇄	2025년 7월 5일
초판 1쇄 발행	2025년 7월 10일

지은이	이마이 요우코 · 후지사와 가에데
옮긴이	권혜미

펴낸이	최정이
펴낸곳	지금이책
등록	제410-2015-000174호
주소	경기도 고양시 일산서구 킨텍스로 410
전화	070-8229-3755
팩스	0303-3130-3753
이메일	now_book@naver.com
블로그	blog.naver.com/now_book
인스타그램	nowbooks_pub

ISBN	979-11-88554-87-4 (13590)

* 이 책은 저작권법에 따라 보호를 받는 저작물이므로 무단전재와 무단복제를 금지하며, 이 책 내용의 전부 또는 일부를 이용하려면 반드시 저작권자와 지금이책의 서면 동의를 받아야 합니다.

* 잘못되거나 파손된 책은 구입하신 서점에서 교환해드립니다.

* 책값은 뒤표지에 있습니다.